Liebe Leserinnen und Leser,

je tiefer man in die Geologie Bornholms eintaucht, desto mehr nimmt einen ihre geologische Einzigartigkeit gefangen. Diese dänische Ostseeinsel präsentiert sich als wahres geologisches Kleinod. Auf einer Fläche von nur knapp 600 km² bietet sie einen außergewöhnlichen Einblick in über eine Milliarde Jahre Erdgeschichte – ein Phänomen, das in dieser Kompaktheit in Europa nahezu einzigartig ist.

Bornholms geologische Besonderheit liegt in der bemerkenswerten Vielfalt seiner Gesteine. Im Norden der Insel trifft man auf präkambrische Granite, die zu den ältesten Gesteinen Dänemarks zählen und Teil des skandinavischen Grundgebirges sind. Diese kristallinen Gesteine bilden einen markanten Kontrast zum südlichen Teil der Insel. Hier laden deutlich jüngere Sedimentgesteine aus dem Paläozoikum und Mesozoikum zum Studium ein und der Fossilienfreund kann auf erfrischend abwechselnde paläontologische Funde hoffen. Von Trilobiten, Graptolithen und gerade gestreckten paläozoischen Nautiliden bis hin zu Ammoniten, Belemniten, Muscheln und Fischzähnen reicht die Palette. Selbst die Hinterlassenschaften von Sauriern sind auf der Insel zu finden, von Plesiosaurierwirbeln über kleine Dinosaurierzähne bis hin zu den Fährten gigantischer sauropoder Dinosaurier. Hätten Sie das vermutet?

Die Insel liegt an einer bedeutenden tektonischen Grenzlinie, der Tornquist-Zone, die das alte skandinavische Grundgebirge von den jüngeren Sedimentbecken Mitteleuropas trennt. Diese Position erklärt die außergewöhnliche geologische und paläontologische Vielfalt auf so engem Raum. Bemerkenswert sind die Granite, Sand- und Tonsteine, Kohleflöze sowie Porzellanerde, die der Mensch über viele Jahrzehnte nutzte und zum Teil noch immer nutzt. Einige dieser natürlichen Ressourcen sind heute in Geotopen erschlossen. Mehr noch fungieren die Küstenabschnitte als ein natürliches Archiv der Erdgeschichte. Diese geologische Vielfalt macht Bornholm zu einem erdgeschichtlichen Freiluftmuseum und einem bedeutenden Studienobjekt für Geologen, Paläontologen und Naturliebhaber aus aller Welt. Ganz unabhängig voneinander entdeckten die Autoren dieses Sonderheftes ihre Liebe zur Geologie dieser Insel. Jochen Kuss besuchte sie erstmals nach seiner Pensionierung und war besonders von der Tektonik und der allgemeinen Geologie fasziniert. Jens Lehmann reiste vor mehr als 10 Jahren das erste Mal nach Bornholm. Wissenschaftlich hatte er sich bereits zuvor mit Ammoniten aus der Unterkreide Bornholms beschäftigt. Vor Ort zogen ihn dann die Sedimente des Erdaltertums und deren Fossilien in ihren Bann. Die Autoren dieses Heftes verbindet eine Lehrtätigkeit während gemeinsamer Exkursionen an der Universität Bremen. Über 10 Jahre lang lehrten sie zusammen die Geologie von Südengland im europäischen Kontext. Von diesem gemeinsamen Erfahrungsschatz durch die Vermittlung geowissenschaftlicher Inhalte profitiert auch dieses Heft, dessen Abfassung beiden sehr viel Freude bereitet hat. Wir hoffen, dass der Funke der Begeisterung für die faszinierende Insel Bornholm auch auf Sie überspringt.

EDITORIAL

Wir wünschen Ihnen viel Spaß bei der Lektüre!

Jens Lehmann
(Herausgeber FOSSILIEN)

Günter Schweigert
(Herausgeber FOSSILIEN)

Die Autoren

Prof. Dr. **H.-Jochen Kuss** wuchs in Oberfranken auf und lebt seit über 30 Jahren in Bremen. Nach Geologie-Studium und Promotion in Erlangen wechselte er 1983 an die TU Berlin, wo er an zahlreichen Expeditionen in die Wüsten Ägyptens und Jordaniens teilnahm. Nach der Habilitation 1989 und einem zweijährigen Forschungsaufenthalt an der Universität Hamburg leitete er an der Universität Bremen das Fachgebiet Geochronologie und Beckenanalyse. Seit seiner Pensionierung vermittelt er geowissenschaftliche Zusammenhänge in Vorträgen und Artikeln. Die Entwicklung der Geobiosphäre, der Landschaften und ihre Besiedlung stehen dabei im Fokus. Daneben wird auch immer die geschichtliche Entwicklung von Kulturlandschaften und Bauwerken besonders gewürdigt.

Prof. Dr. **Jens Lehmann**, gebürtig aus dem Münsterland, entwickelte bereits in jungen Jahren eine Faszination für die Erdgeschichte. Sein akademischer Werdegang führte ihn zum Studium der Geologie und Paläontologie an die Universität Tübingen, wo er mit einer Arbeit und Kartierung über das Devon und Karbon Spaniens abschloss. Nach seiner Promotion, die sich der Kreidezeit in Westfalen widmete, folgte ein Post-Doktoranden-Aufenthalt an der Universität von Kalifornien. Nach einem Projekt im Rahmen eines Sonderforschungsbereichs über die Kreide Südfrankreichs übernahm er eine Position an der Universität Bremen, wo er bis heute als Leiter der Geowissenschaftlichen Sammlung wirkt. Sein Forschungsschwerpunkt liegt auf marinen Geoökosystemen und Cephalopoden, ist aber nicht auf diese Gebiete beschränkt. Neben Geländetätigkeiten in diversen Ländern war er mehrfach länger als Gastwissenschaftler am Natural History Museum in London tätig.

Inhalt

Jochen Kuss

Dänemarks raue Felseninsel mit Charakter und bewegter Erdgeschichte

Die Ostseeinsel Bornholm bildet zusammen mit sechs kleinen, unbewohnten Nebeninseln den östlichsten Vorposten des Königreichs Dänemark. Sie ragt 35 Kilometer südlich der schwedischen Halbinsel Schonen aus der Ostsee und nur 85 Kilometer Luftlinie trennen sie von Rügen (1). Von dort ist Bornholm in zweieinhalb Stunden mit der Fähre Mukran-Rønne zu erreichen, während die dänischen Urlauber vom 150 Kilometer entfernten Kopenhagen etwa doppelt so lange unterwegs sind. Die Insel ist seit langem ein beliebtes Reiseziel, was vor allem an den reizvollen und abwechslungsreichen Landschaften liegt, die sie ihrer vielseitigen Geologie zu verdanken hat.

Der Hammer-See entstand durch Flutung des ehemaligen Steinbruches in dem der Hammer-Granit jahrhundertelang abgebaut wurde.

Während im Süden feine Sandstrände locken, die über Sedimentgesteinen des Paläo- und Mesozoikums liegen, laden die Steilküsten im Norden, Osten und Südosten zu Wanderungen über sehr alte Gesteine aus dem Archaikum ein. Dies sind Granite und Gneise, die an zahlreichen malerischen Buchten und Ufern auch noch Reste von jüngeren Diabasgängen enthalten.

Bornholm war jedoch nicht immer eine Insel. Während der Hauptphase der letzten Vereisung lag der Meeresspiegel rund 110 Meter tiefer als heute und weite Teile des südlichen Ostseebeckens lagen trocken. Damals gab es eine Landverbindung zwischen Bornholm und Rügen, wie auch zwischen Bornholm und Polen. Pflanzen und Tiere konnten einwandern und auch die Besiedelung durch den Menschen begann. Mit dem allmählichen Abtauen der riesigen Eismassen stieg der Meeresspiegel zwischen 6800 und 5000 v. Chr. kontinuierlich an; damit versank die Landbrücke. Seitdem ist Bornholm eine Insel.

Steinerne Brücke zwischen Skandinavien und Mitteleuropa

Bornholm ist auch im plattentektonischen Rahmen Nordeuropas von besonderer Bedeutung. Einerseits stellt die Insel eine Verbindung zwischen dem zutage tretenden Grundgebirge Südschwedens und dem tiefer liegenden Grundgebirge Nordostpolens und Litauens dar. Andererseits ist sie Teil der Tornquist-Zone, einer breiten und komplexen Scherzone zwischen Schweden und Dänemark. Diese trennt die sehr alte, dicke und „kalte" Kruste Nordosteuropas (Fennoskandia) von den jüngeren und „wärmeren" Gebirgsgürteln Mittel- und Westeuropas. Ein Arm der Tornquist-Zone ist am Klintebakken, in unmittelbarer Nähe vom NaturBornholm, in Form eines markanten Geländeknicks zusammen mit tektonisch verstellten Sandsteinen zu sehen (2, 3). Somit stellt Bornholm durch seine Lage am südlichen Rand Fennoskandias ein bedeutendes Bindeglied innerhalb der Tornquist-Zone dar. Es liegt auf einem tektonischen Block, der zwischen Verwerfungen emporgehoben wurde (Horst).

Die Gneise und Granite Bornholms bilden die einzigen Übertagevorkommen des Grundgebirges in Dänemark. Sie entstanden vor über 1,4 Milliarden Jahren (Ga) und sind damit jünger als lange angenommen. Es bestehen Verwandtschaftsbezüge zum nördlich gelegenen Fennoskandischen Schild, aber auch nach Baltica. Die Kristallingesteine nehmen etwa zwei Drittel der 588 km² großen Inselfläche ein. Die restlichen Gebiete werden von Sand-, Kalk- und Tonsteinen bedeckt, deren Ablagerungsgeschichte bis 550 Millionen Jahre zurückreicht. Beginnend mit dem Kambrium sind zahlreiche erdgeschichtliche Perioden vertreten (4). Im Detail zeigt die stratigraphische Abfolge jedoch mehrere Lücken, d. h. Zeitabschnitte, die in Bornholm nicht mit Gesteinen belegt werden können. Die längste Schichtlücke umfasst mit ca. 210 Millionen Jahren Dauer den Zeitabschnitt zwischen Silur und der späten Trias, d. h. Gesteine des Devons, Karbons, Perms und große Teile der Trias sind auf Bornholm nicht anzutreffen (4). Weitere Schichtlücken umfassen Abschnitte des Unteren und Oberen Juras, der Unteren und Oberen Kreide, sowie im Paläogen und Neogen (4).

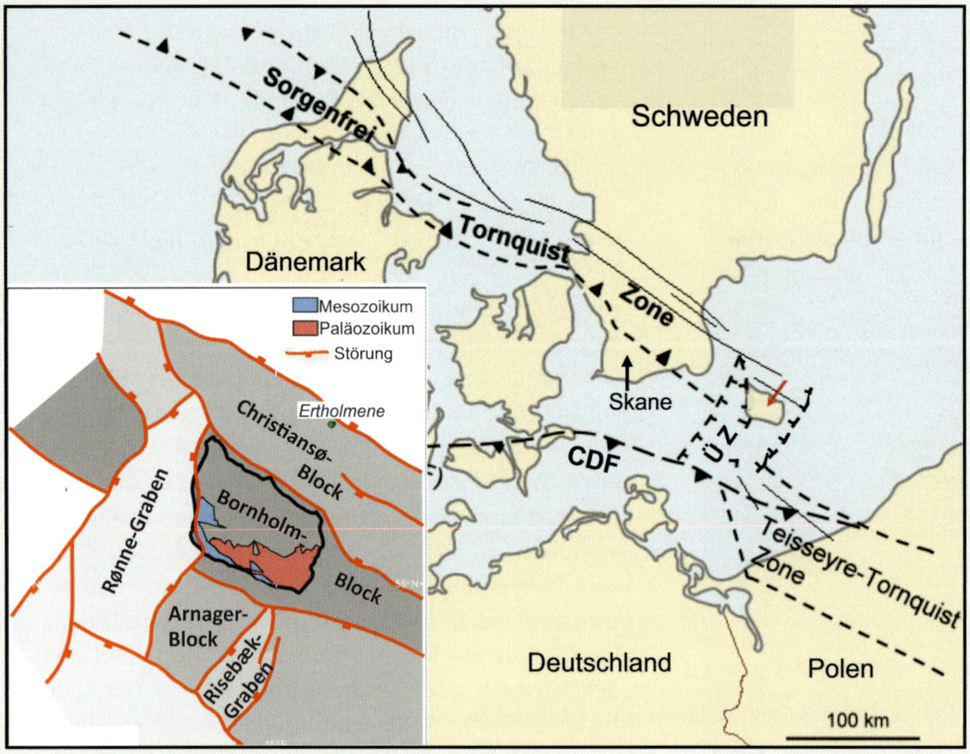

1: Das tektonische Umfeld Bornholms. Die Insel liegt in der Übergangszone (ÜZ) zwischen der Sorgenfrei-Tornquist- und der Teisseyre-Tornquist-Zone. Hier findet sich ein komplexes Muster von Gräben und herausgehobenen Blöcken, die im Inlay vergrößert dargestellt sind. Bornholm liegt auf dem gleichnamigen Block, der sich unter Wasser weiter nach Südosten erstreckt. Die Erbseninseln (Ertholmene) liegen am Rande des Christiansø-Blocks (CDF = Caledonian Deformation Front). (Umgezeichnet und ergänzt nach Graversen[2] und Nielsen[3]).

Warum ragt Bornholm so schroff aus der Ostsee?

Die Heraushebung zur Insel verdankt Bornholm tektonischen Prozessen, die auch ihren heutigen rhombenförmigen Umriss wesentlich mitbestimmten. Die Küstenlinien verlaufen nahezu parallel mit NNO-SSW bzw. NW-SO Richtung, was auf zwei große tektonische Bruchzonen zurückzuführen ist (1): der Sorgenfrei-Tornquist-Zone (STZ), die sich weiter nach Nordwest über Skane bis zum Kattegat erstreckt und einer quer dazu angeordneten Übergangszone (ÜZ), mit NNO verlaufenden Brüchen, die sich vor allem durch seismische Untersuchungen des Meeresbodens verfolgen lassen (1)[2,3]. An der Südgrenze der ÜZ schließt die Teisseyre-Tornquist-Zone (TTZ) an, die sich Richtung Polen fortsetzt (1). Einige Autoren fassen STZ und TTZ einschließlich der ÜZ zur Tornquist-Zone zusammen, die mit ihren verzweigten Störungen an fingerartige Strukturen erinnert und deshalb von einigen poetisch veranlagten Geologen als „Tornquists Hand" bezeichnet wurde (Alexander Tornquist, 1868–1944, war ein deutsch-österreichischer Geologe).

Die Übergangszone besteht aus einem komplexen Szenario von emporgehobenen Horsten und abgesenkten Gräben. Sie repräsentieren tektonische Blöcke, die aus präkambrischem Fundament (Gneise und Granite) bestehen, das teilweise von Sedimentgesteinen überlagert wird. Dazu gehören Grabenbrüche, wie der NNO verlaufende Rønne-Graben, der die Westküste Bornholms streift und die Ausläufer des Arnager-Sose-Blockes entlang der Südküste (1). Zusammen mit weiteren Blöcken, wie dem südöstlich gelegenen Risebæk-Graben, bilden sie einen bis zu 80 Kilometer langen, größtenteils unter Wasser verlaufenden Korridor mit vorwiegend N-S verlaufenden Strukturen (1). Mit Hilfe seismischer Bilder des Untergrunds und tektonischer Analysen konnten die tektonischen Prozesse der Übergangszone entschlüsselt werden[1,2], die für das Verständnis der Heraushebung Bornholms entscheidend sind. Dabei kommt den Fossilien für die Altersbestimmung der verschiedenen paläozoischen und mesozoischen Einheiten eine besondere Bedeutung zu. Beispielsweise lässt sich das Alter des Rønne-Grabens mit Hilfe der ältesten Sedimentverfüllung in die späte Trias stellen, und damit auch die beginnende Entstehung der Übergangszone zeitlich zuordnen. Ihre hauptsächliche Ausformung fand jedoch während der Jurazeit statt, u. a. belegt durch Ablagerungen an der West- und Südküste Bornholms[2].

Wenngleich die tektonischen Strukturen Bornholms entscheidend durch die tektonischen Prozesse der Übergangszone im Mesozoikum geprägt wurden, sind auch die älteren, WNW-OSO verlaufenden „Tornquist-Störungen" von großer Bedeutung. Diese entstanden durch Kompression während der variszischen Gebirgsbildung und durchziehen in Gestalt zahlreicher parallel verlaufender Brüche die Insel

(5). Am deutlichsten tritt die Störung zwischen dem Salene-Block im Norden und den paläozoisch-mesozoischen Ablagerungen weiter im Süden hervor, wobei hier zahlreiche weitere WNW-OSO verlaufende Brüche zu verfolgen sind (5), wie im markanten Geländeknick am Klintebakken, unmittelbar neben NaturBornholm (2). Die jüngeren, N-S verlaufenden, Gräben und Blöcke der Übergangszone entstanden durch O-W gerichtete Dehnungskräfte und führten zum Bruch in der TZ und zu den beiden neu entstandenen Abschnitten der STZ und der TTZ (1). In den tektonischen Strukturen der paläozoischen und mesozoischen Abfolgen Bornholms spiegeln sich beide Paläospannungsfelder wider, wobei noch Überlagerungen hinzukommen, die zu komplizierten Verbiegungen und Drehungen an den Störungen führten[2].

Bornholm unter Spannung – Brüche und Gräben

Die Bruchmuster im kristallinen Grundgebirge können drei Hauptrichtungen zugeordnet werden, die zu verschiedenen Zeiten und durch jeweils unterschiedliche tektonische Prozesse entstanden sind. Morphologisch werden sie durch Spaltengänge und Täler nachgezeichnet (5). Die präkambrischen Brüche verlaufen um Nordost und schließen damit auch Richtungen des Basaltgangs von Keldseå (Ø45°) und Listed (Ø20°) mit ein[2]. Sie sind in den paläozoisch–mesozoischen Ablagerungen weiter südlich kaum repräsentiert, wo die Bruchmuster Maxima um NW-SO und NNW-SSO verlaufende Störungen zeigen (5). Die spätpaläozoischen Brüche lassen sich im Detail noch in zwei Untergruppen aufteilen, die beide mit den Ausläufern der variszischen Gebirgsbildung und mit der frühen Entwicklung der Tornquist-Zone zusammenhängen. Eine Störung dieser paläozoischen Bruchzone ist einer gerade verlaufenden Geländekante am Klintebakken (nahe NaturBornholm) aufgeschlossen (2). Sie gehört zu einem kilometerlangen, WSW-laufenden morphologischen Knick, der im späten Paläozoikum durch tektonische Kräfte entstand. Die Landschaft zerbrach und dabei wurden die kambrischen Sandsteine an der Bruchkante hochgeschleppt. Diese Prozesse kann man heute entlang der steil aufgerichteten Sandsteine sehr eindrücklich nachvollziehen (2).

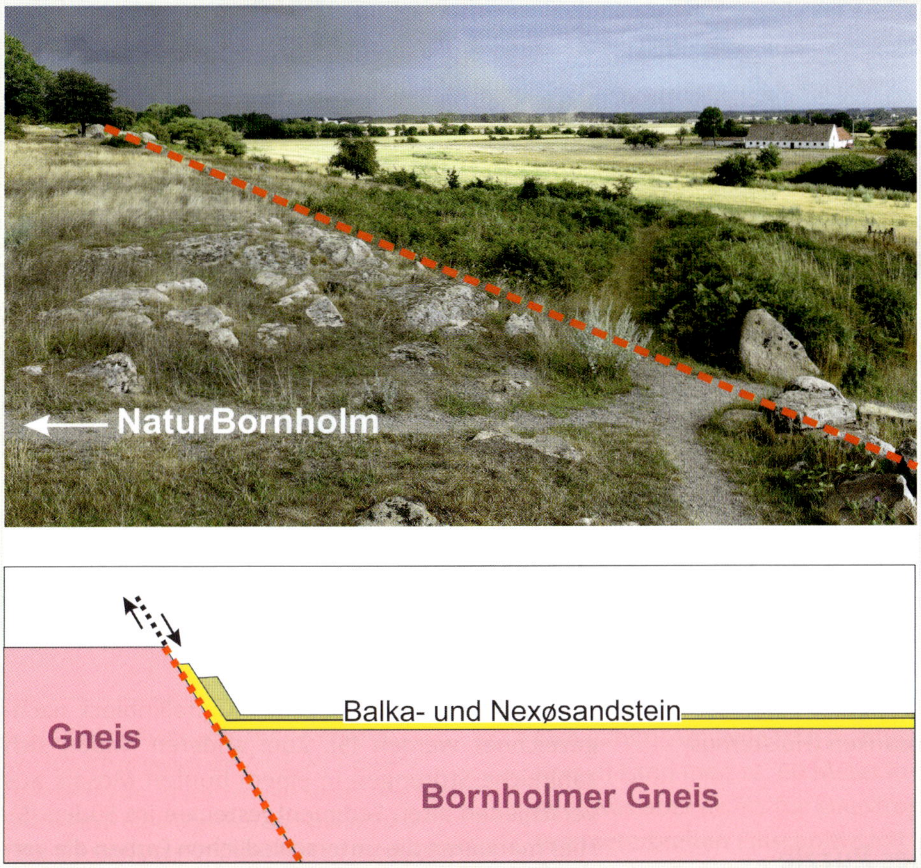

2: Am Klintebakken (Aakerkirkeby) ist unmittelbar neben NaturBornholm ein markanter Geländeknick zu sehen, der eine der Störungen innerhalb der Tornquist-Zone darstellt. Die freigelegten kambrischen Balka-Sandsteine zeichnen mit ihrem steilen Einfallen den Verlauf des tektonischen Bruchs nach.

Ab der späten Trias entwickelte sich im Umfeld Bornholms ein neues Spannungsregime, das im Zusammenhang mit dem Zerfall des Superkontinents Pangäa interpretiert wird[2]. Hervorgerufen durch O-W gerichtete Zugspannung entstand senkrecht dazu ein N-S verlaufendes Horst- und Grabensystem, das die tektonischen Prozesse der ÜZ charakterisiert (1). Auch auf Bornholm finden sich Ausläufer dieser Tektonik. Neben dem Rønne-Graben im Westen treten im Jura an der Südküste die Grabenstrukturen von Læsa (am Nordrand des Arnager-Sose-Blocks) und der Ølea-Komplex in Erscheinung (1, 3, 5). In der späten Kreidezeit traten zudem

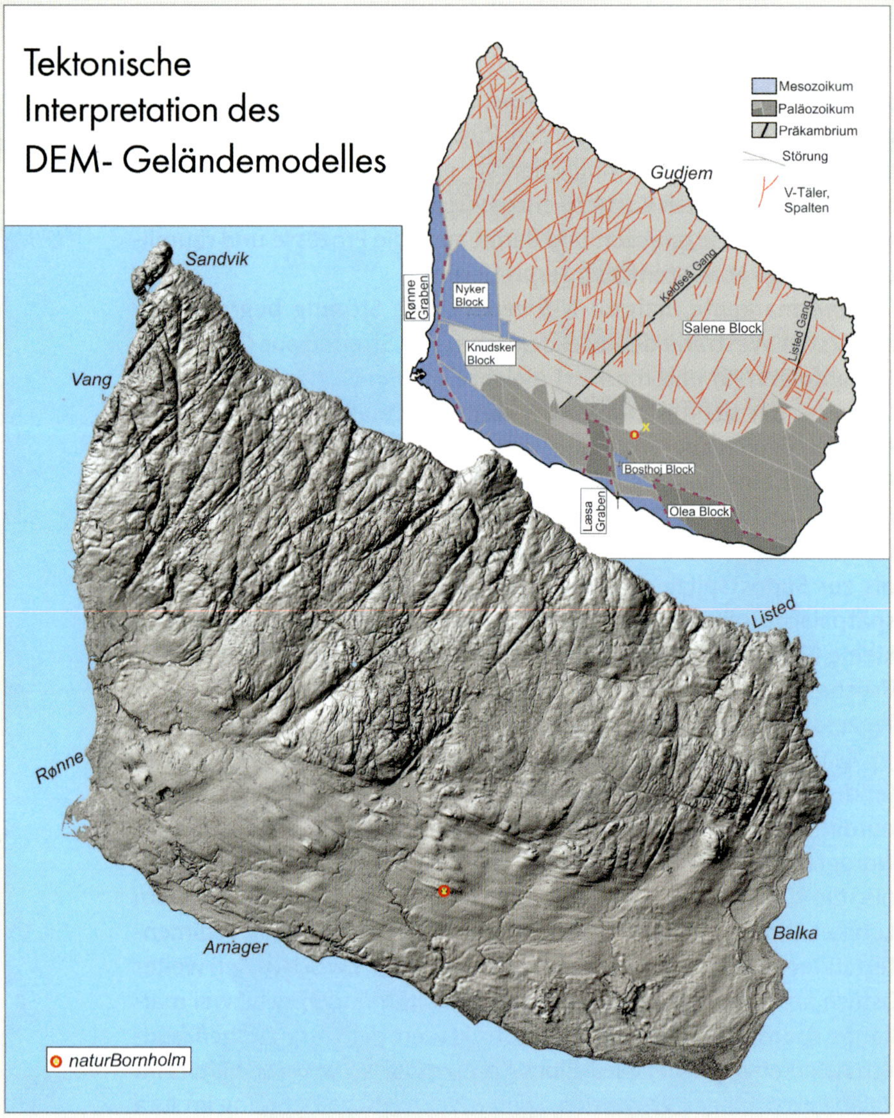

5: Im topographischen Höhenmodell (DEM- Digital Elevation Model) kommen Topographie und Oberflächenmorphologie zur Geltung. Das Grundgebirge bildet eine große Kuppel, die vom mittleren Teil der Insel, mit Höhen von mehr als 100 m über dem Meeresspiegel, zur Nordküste abfällt. Die zahlreichen, scharf begrenzten Spaltengänge und engen Täler im kristallinen Grundgebirge sind größtenteils auf erodierte Basaltgänge zurückzuführen. Die ins Sedimentgestein eingeschnittenen Täler im Süden verlaufen dagegen unregelmäßig und lassen kaum tektonische Strukturen erkennen. Drei isolierte Kristallinblöcke sind mit schwarz gestrichelten Linien markiert (wiki commons).

Internetseiten

Knapp und klar wird die Geschichte Bornholms von der Steinzeit über die Wikinger bis heute auf der folgenden Internetseite erklärt: https://bornholm.info/de/bornholms-geschichte-und-geologie/

Viele naturkundliche Sehenswürdigkeiten der 25 bedeutendsten Regionen Bornholms werden in dänischer Sprache auf der sehr instruktiven Internetseite „367ture i Bornholm natur“ dokumentiert. Neben botanischen, zoologischen, archäologischen und historischen Besonderheiten werden auch einige Gesteinsaufschlüsse und geologische Zusammenhänge behandelt. Viele Fotos und Karten, daneben auch instruktive Informationen zur jüngeren Geschichte zahlreicher Lokalitäten finden sich unter https://367ture.dk/. Autor: Finn Hansen

https://strand-und-steine.de/index.htm präsentiert Bilder und Erklärungen zu Landschaften, Aufschlüssen und Gesteinen des südlichen Ostseeraumes, u.a. auch von Bornholm. Autorin: Hildegard Wilske.
http://www.skan-kristallin.de liefert umfangreiche Onlinedaten zu anstehenden Kristallingesteinen in Skandinavien und zu Geschiebefunden, ergänzt durch Textzitate und Literaturhinweise. Autorin: Hildegard Wilske.

2. Oberhalb der Klippen befindet sich auf der westlichen Straßenseite das sehenswerte Kunstmuseum von Bornholm.
3. Bei **Moseløkken** kann man den einzigen aktiven Steinbruch im Hammer-Granit besichtigen (siehe S. 19). Hier gibt es geführte Touren an die Abbauwände und es werden auch praktische Einblicke in die Abbautechniken ermöglicht.
4. Ein besonderes Abenteuer bietet im Sommer der Sprung von einem 50 Meter hohen Kliff am **Hammer-See**. Eingehängt an einem Seil schwebt man im „Gleitflug über den See“ und wird am Ende mit einer Dusche belohnt.

Literatur zum Thema

[1] Graversen, O. (2004): Upper Triassic–Cretaceous stratigraphy and structural inversion offshore SW Bornholm, Tornquist Zone, Denmark. Bull. Geol. Soc. Denmark 51: 111–136.

[2] Graversen, O. (2009): Structural analysis of superposed fault systems of the Bornholm horst block, Tornquist Zone, Denmark. Bull. Geol. Soc. Denmark 57: 25–49.

[3] Nielsen, L. H. (2003): Late Triassic – Jurassic development of the Danish Basin and the Fennoscandian Border Zone, southern Scandinavia. In: Ineson, J.R. & F. Surlyk (Hrsg.): The Jurassic of Denmark and Greenland, S. 459–526. Geol. Surv. Denm. Greenl. Bull. 1. Copenhagen.

Jochen Kuss

Bornholms Kristallingesteine: 1,45 Milliarden Jahre Magma und Metamorphose

Die systematischen Untersuchungen der präkambrischen Kristallingesteine Bornholms begannen vor fast 100 Jahren mit petrologischen Analysen und Kartierungen der verschiedenen geologischen Einheiten[5] und Strukturen[2-4]. Heute stehen vor allem Altersdatierungen im Vordergrund, die zum besseren Verständnis der Bildungsprozesse und zu regionalen Vergleichen beitragen[6,9,10,16-18]. In früheren Arbeiten unterteilte man die Kristallingesteine Bornholms in das ältere metamorphe Grundgebirge und die jüngeren Granitoide[7]. Nach neueren Untersuchungen gibt es jedoch für ein solches Modell keine Belege.

Kristalline Gesteine, wie hier der Vang-Granit, sind auf Bornholm weit verbreitet. Die Brücke überspannt den Eingang zum Steinbruch bei Vang.

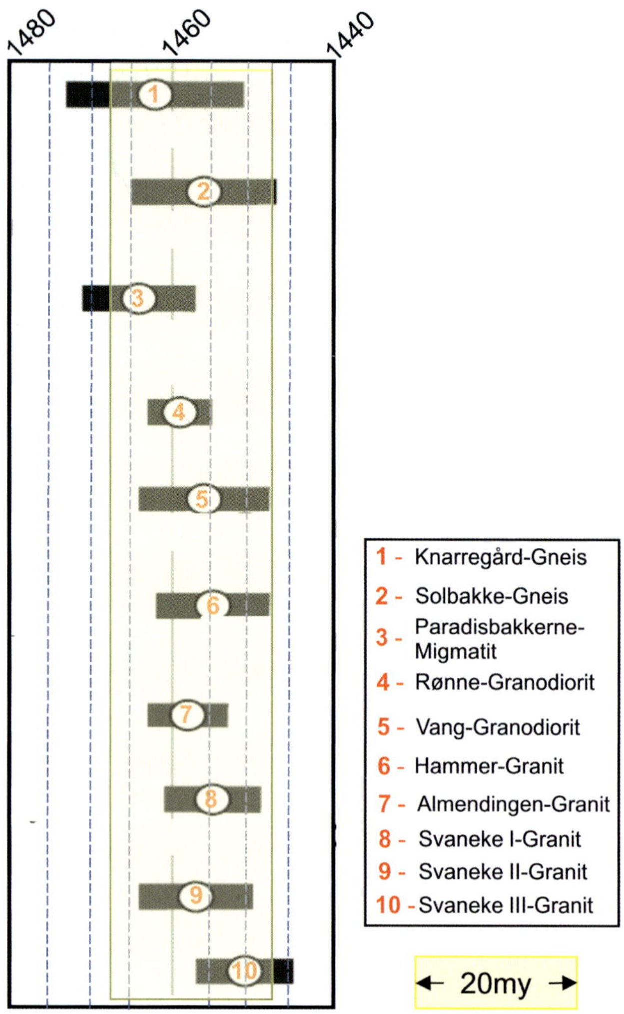

1: Altersdatierungen der wichtigsten Kristallingesteine Bornholms, basierend auf $^{207}Pb/^{206}Pb$-Altern von Zirkonen[6]. Die Kreise repräsentieren gewichtete Mittelwerte, die Balkenlängen die analytischen Fehlergrenzen. Mit der gelb unterlegten Fläche wird ein 20 Millionen Jahre umfassender Zeitraum markiert, in dem vor 1,45 Milliarden Jahren (±10 Millionen Jahre) praktisch sämtliche Gneise und Granite Bornholms entstanden.

Magmatismus, Deformation und Metamorphose erfolgten vor ca. 1,45 Milliarden Jahren (abgekürzt als Ga) über eine Zeitdauer von etwa 20 Millionen Jahren nahezu gleichzeitig (1,455 ± 0,01 Ga[16-18]). Damit lässt sich auch die Entstehung der Gneise und Granite auf einen „kurzen" Zeitabschnitt von ca. 20 Millionen Jahren, innerhalb der Danopolischen Orogenese, eingrenzen. Durch die neuen U-Pb-Datierungen der Bornholmer Gneise konnten zudem frühere Gleichstellungen mit den deutlich älteren Gneisen von Blekinge-Skane mit 1,77 bis 1,75 Ga entkräftet werden. Leider finden sich die längst überholten Altersangaben immer noch in zahlreichen Veröffentlichungen und Internetseiten.

Durch Zeit und Tiefe: Die Entstehung von Bornholms Kristallingesteinen

Die meisten Modelle zur Entstehung von Granitmagmen gehen von einem gemischten krustalbasaltischen Ursprung aus[14]. Bevor jedoch die Magmen entstanden, kam es in mehreren Kilometern Tiefe durch plastische Verformung zur Bildung von Gneisen, d. h. es war zu heiß zum Zerbrechen aber nicht heiß genug um zu schmelzen. Mit ihrem typischen Streifengefüge aus hellen und dunklen Lagen fallen auch die Bornholmer Gneise in diese Kategorie. Gerieten diese später in Kontakt mit Granitschmelzen, konnten Migmatite entstehen, das sind teilweise aufgeschmolzene kristalline Gesteine. Voraussetzung ist, dass nicht das gesamte Gneisgestein, sondern nur die Quarze und Feldspäte aufgeschmolzen wurden. Bei weiterem Anstieg von Druck und Temperatur fand eine komplette Aufschmelzung zu einem granitischen Magma statt, wobei die H_2O- bzw. CO_2-Gehalte eine wichtige Rolle spielen. Sie entscheiden, ob genügend Druck aufgebaut wird um die heiße Schmelze an Brüchen nach oben zu pressen. Während des Aufstiegs beginnen die Magmen wieder abzukühlen und damit lässt auch der Druck nach. In einem „höheren Stockwerk", jedoch immer noch bei Krustentiefen >2 Kilometer, beginnt der neu gebildete Intrusionskörper soweit abzukühlen, dass er zu neuem Granitgestein erstarrt. Dabei kristallisieren verschiedene Minerale bei Unterschreitung ihrer jeweiligen Schmelzpunkte aus.

Für das Kristallin Bornholms werden die gebirgsbildenden Prozesse während der Danopolischen Orogenese als „Motor" für die Entstehung der Gneise und Granite angenommen[1]. Ihre Entstehung verlief über mehrere Zehnermillionen Jahre und in großen Krustentiefen. Erst viel später, vor ca. 280 Millionen Jahren (Oberkarbon–Unterperm), gelangten die erkalteten präkambrischen Kristallingesteine an die Oberfläche, wo wir sie auch heute antreffen können. Aus der petrologischen und chemischen Zusammensetzung der Gneise und Granite können die geschilderten Abläufe indirekt abgeleitet werden, die jedoch nur als vereinfachte Szenarien zu verstehen sind.

Granite umfassen massige, relativ grobkristalline Tiefengesteine (Plutonite bzw. Magmatite), die hauptsächlich aus Quarz, Feldspat (Kalifeldspat und/oder Plagioklas) und Glimmer zusammengesetzt sind; weitere Minerale sind mit deutlich geringeren Anteilen beteiligt. Sämtliche Granitvarietäten werden als **Granitoide** zusammengefasst.

2: Steilstehende Bornholmer Gneise an den Klippen von Randkløve (1 km südlich Saltuna), die von rötlichen, zentimeterdicken Granitadern (parallel zur mineralischen Ausrichtung des Gneises) durchzogen werden (Pfeile). Die lagige Gneistextur (Foliation) ist im Detail erkennbar und wird durch die Wechsel von Biotit-Amphibol-reichen dunklen und quarz- bzw. feldspatreichen hellen Lagen hervorrufen (kleines Bild, links unten).

Granodiorite sind „granitähnliche“ Tiefengesteine, die deutlich mehr Plagioklas (Na-/Ca-Feldspat) als Kalifeldspat enthalten. Der Gehalt an dunklen Mineralen (Hornblende, Biotit) ist meist höher und führt zu dunkleren Gesteinsfarben.

Gneise (Metamorphite) entstehen unter hohem Druck und bei hohen Temperaturen in tiefen Krustenbereichen. Dabei kommt es zur Mineraleinregelung (Paralleltextur bzw. Schieferung), mitunter auch zur „Sprossung“ neuer Minerale. Wird granitisches Ausgangsgestein umgewandelt, entstehen Orthogneise; bei Sedimentgesteinen spricht man von Paragneisen. Bei Granitgneisen bzw. Gneisgraniten ist das Ausgangsgestein Granit mal mehr, mal weniger deutlich noch erkennbar. Werden im Gneis nur Quarze und Feldspäte aufgeschmolzen (Anatexis) spricht man von **Migmatiten**.

Pegmatite sind magmatische Ganggesteine aus grobkörnigen Feldspäten und untergeordnet Quarz, die in verzweigten Spalten als Adern in allen Kristallingesteinen vorkommen. Bei **Apliten** und **Leukograniten** handelt es sich um feinkörnige Varietäten. Helle Farben weisen auf granitische Zusammensetzung hin, entstanden aus silikatischen Restschmelzen.

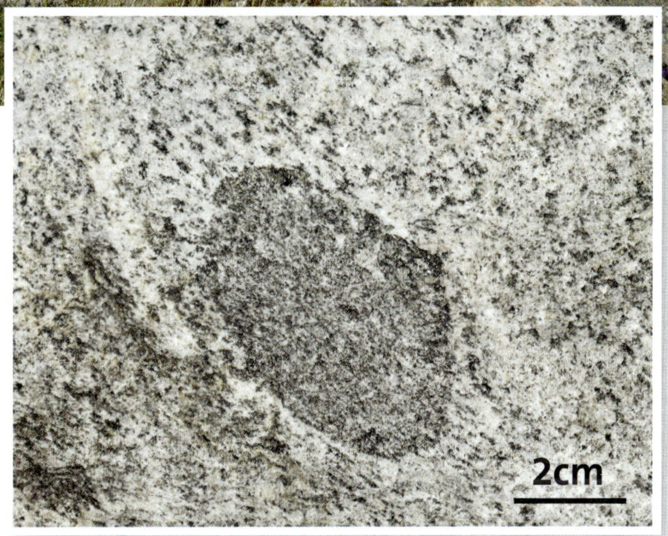

3: An der gleichen Lokalität finden sich auch „Granitgneise“ mit dunklen Einschlüssen aus fein gebändertem Gneis bzw. Phyllit, die aus einem älteren Gesteinskomplex stammen.

Mehr als 250 **Diabasgänge** mit basischer Olivin-Dolerit-Zusammensetzung durchschlagen entlang von Störungen das kristalline Grundgebirge Bornholms[5]. Sie verlaufen überwiegend N-S oder NO-SW und einige erreichen mehrere Kilometer Länge (17, 18). Diabas bezeichnet paläozoische Basalte, die je nach ihrer ursprünglichen mineralogischen Zusammensetzung eher als Paläobasalte, Dolerite, Spilite oder Pikrite bezeichnet werden müssten.

4: Fünf Kilometer nördlich Gudjem wird an den spektakulären Heiligdomklippen die rötliche Varietät der Bornholmer Gneise angeschnitten. Senkrechte und horizontale Brüche ließen im Gneis mauerartige, burgähnliche Strukturen entstehen, die als Kastellverwitterung bezeichnet werden.

Von Granit bis Gneis: Das kristalline Kaleidoskop und die absoluten Alter

Die Unterscheidung zwischen dem Bornholmer Gneis und den verschiedenen Graniten der Insel basiert in erster Linie auf der unterschiedlichen inneren Struktur eines Gesteins, dem Gefüge. Gneise sind durch die Streifung von hellen und dunklen Lagen charakterisiert (Foliation), wogegen Granite ein körniges Gefüge aufweisen. Gestreifte Granite oder granitische Gneise können jedoch oftmals nur schwer einer der beiden Gruppen zuzuordnen sein. Petrologisch lassen sie sich in saure, quarzreiche Biotitgranitoide/-gneise (z. B. Hammer-Granit, Almindingen-Granit, Rutsker-Gneis) und intermediäre, amphibolhaltige Lithologien (z. B. Rønne-Gra-

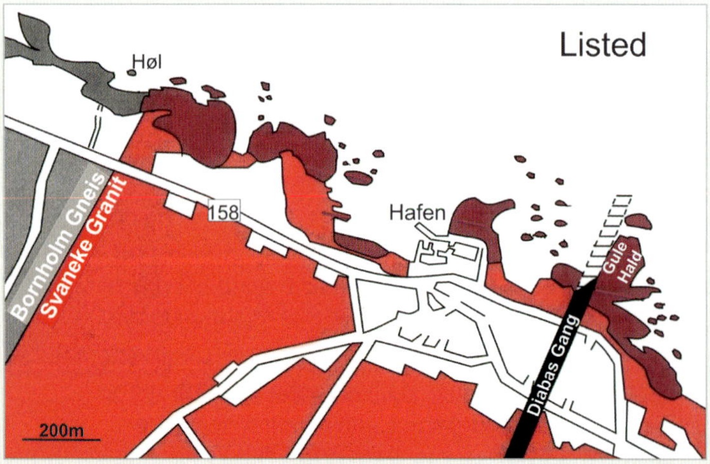

5: Die geologische Karte von Listed zeigt die Grenze zwischen Bornholmer Gneis und Svaneke-Granit am Høl-Strand; östlich des Hafens wird der Granit am Gule Hald vom Listed-Gang, einem breiten Diabasgang, durchschlagen (umgezeichnet nach verschiedenen Vorlagen).

6: Am Strand von Høl (nördlicher Ortsausgang von Listed) grenzt zerklüfteter Svaneke-Granit (rechts) an Bornholmer Gneis.

nit, Vang-Granit, Knarregård-Gneis) unterteilen. Das Nebeneinander all dieser Gruppen spricht für eine mehrphasige Entstehung der Kristallingesteine[14], die zudem in allen Phasen der Kristallisation durch gleichzeitige Deformation beansprucht wurden.

Zwischen den undeformierten Granitoiden (Rønne und Maegård), den deformierten Granitoiden (Svaneke) und den Gneisen (Knarregard) bestehen nur geringe Altersunterschiede[6,18](1). Zudem sind die meisten „Gneis"-Gefüge eher auf Deformationen von etwas älteren Intrusionen zurückzuführen und weniger auf Aufschmelzung durch etwas jüngere Plutone.

Die verschiedenen Granitoide und Gneise des proterozoischen Grundgebirges von Bornholm erhielten in der älteren Literatur verschiedene Lokalnamen[2,5,7]. Basierend auf feldgeologischen Beobachtungen und dem Grad der metamorphen Überprägung wurden relative Altersbezüge erstellt, die später mit Hilfe von Absolutaltern präzisiert werden konnten (1)[16,18]. Die folgende petrographische Beschreibung orientiert sich an der „klassischen Chronologie", beginnend mit den Bornholmer Gneisen, gefolgt von den Paradisbakkerne-Migmatiten, den Rønne- und Maegard-Granitoiden und den jüngeren Graniten von Svaneke, Vang, Almindingen und Hammer[7].

Die überwiegend feinkörnigen **Bornholmer Gneise** bestehen aus Kalifeldspat, Quarz und Plagioklas, mit wechselnden Anteilen von Biotit und Hornblende, die eingeregelt vorliegen (2). Daneben wurden auch Einschlüsse aus verfalteten Quarziten, Phylliten, fein-gebänderten Gneisen (3), Skarnen[11], feldspathaltigen Sandsteinen und vulkanischen Gesteinen[12] beschrieben und im Zusammenhang mit möglicherweise erodierten älteren Komplexen diskutiert. Der Bornholmer Gneis wird oft in zwei Varietäten gegliedert, einer dunklen, reich an dunklen (mafischen) Mineralen (u. a. Magnetit, Ilmenit, Titanit, Pyrit) und einer hellen, grau bis graurötlichen, die im Gelände oft stärker deformierten Graniten ähnelt.

Bornholms farbige Felsenpracht

Die rötliche Varietät der Bornholmer Gneise ist an einem spektakulären Küstenkliff, ca. fünf Kilometer nördlich Gudjem, zu finden. Hier fällt das Gneispla-

7: Paradisbakkerne-Migmatit im Steinbruch Bertelegård mit horizontalen und vertikalen Klüften in den oberen Metern des Migmatits.

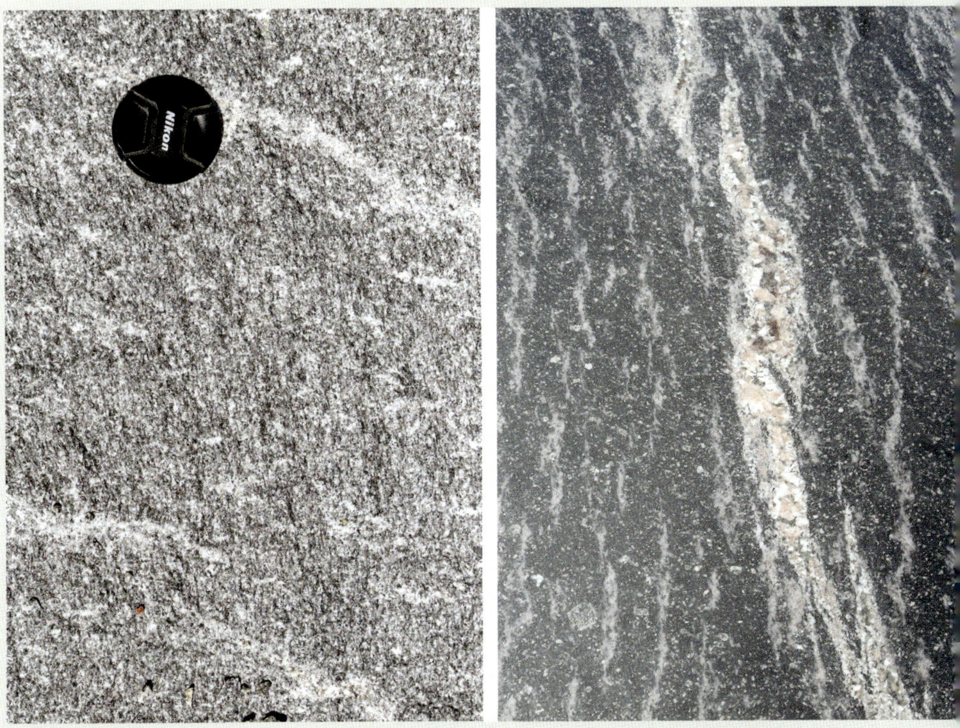

8: Im frischen Bruch wird das feinkörnige, dunkle Gestein von zahlreichen hellen, parallel verlaufenden und gewellten Bändern (aufgeschmolzener Feldspat und Quarz) durchzogen, die ein streifenförmiges Muster hervorrufen.

9: Im Steinbruch Kippløkken bei Rønne wird der graue Rønne-Granodiorit abgebaut, der von einem meterlangen, rötlichen Pegmatit mit riesigen Feldspatkristallen durchschlagen wird. Das untere Bild zeigt die Grenze zwischen dem dunklem Granodiorit und dem Pegmatit im Detail.

teau schroff und steil zum Meer ab, wobei die Brandung mehrere Klippen, mit malerischen Namen wie Capri- oder Helligsdomklippen herauspräpariert hat. Sie sind auf senkrechte Brüche im Gneis zurückzuführen, die im Meter- bis Zehnermeterbereich spitzwinklig aufeinander zulaufen. Da die Gneise zudem engständige Horizontalklüfte aufweisen, entstehen Muster von mauerartig „gestapelten Blöcken“, wobei die burgähnlichen Strukturen bizarr ins Wasser ragen (Kastellverwitterung; 4).

Die graue Gneisvarietät ist etwa 5 Kilometer weiter südlich bei den Klippen von Randkløve anzutreffen (2). Hier finden sich auch „Granitgneise“ mit dunklen Einschlüssen aus fein gebändertem Gneis oder Phyllit, die möglicherweise aus einem älteren Komplex stammen (3). Ein weiteres bekanntes Vorkommen liegt im stillgelegten Steinbuch Knarregård, südlich Gudjem, nahe der Küstenstraße.

Die Grenze zwischen dem Bornholmer Gneis und dem südlich anschließenden **Svaneke**-Granitkomplex ist an der Küste bei Listed aufgeschlossen (5, 6). Beide Gesteinsarten sind wegen der starken Klüftung oft schwer zu unterscheiden. Jedoch sind die Feldspatkristalle im grobkörnigen Granit häufig zerbröckelt (Aarsdalegrus), während der hellgraue, feinkörnige Gneis oft durch Gletscher oberflächlich glatt geschliffen ist und eher homogen wirkt (6). Zudem wird er von zentimeterdicken, feinkörnigen Granitadern parallel zur mineralischen Ausrichtung des Gneises durchzogen.

Der Svaneke-Granit besteht überwiegend aus Quarz und Feldspat, mit geringen Anteilen von dunklen Mineralen. Von den beiden ehemaligen Steinbrüchen wird beim Hof Helletsgård (zwischen Østermarie und Paradisbakkerne) gelegentlich noch der Svaneke II nach Platou[15] abgebaut. Der Autor unterschied vier Varietäten, basierend auf petrologischen Eigenschaften und räumlichen Bezügen. Danach handelt es sich bei Typ I um den ältesten Svaneke-Granit, mit unregelmäßiger Korngrößenverteilung und ohne Ausrichtung der wenigen mafischen Minerale. Svaneke II nimmt den größten Flächenanteil ein, ist durch rötliche, mittel- bis grobkörnige Lithologien gekennzeichnet und weist die höchsten mafischen Anteile im gesamten Granitkomplex auf. Zudem kommen auch mafische und gneisische Einschlüsse vor, die als Relikte im granitischen Magma interpretiert wurden[15]. Da es jedoch weder auf Bornholm noch in Südschweden Hinweise auf 1,45

10: Die Kaolingrube von Nygårdsgraven bei Ronne mit zahlreichen Großgeröllen a[...] unverwittertem Granit, aufgenommen 1987. Heute ist die Grube geflutet und ma[...] kann sie am Boden eines Sees erahnen. Foto: Finn Hansen.

11: Blick auf den stillgelegten Steinbruch Ringebakkerne und den ehemaligen Abbau des Vang-Granits.

Ga alten mafischen Magmatismus gibt, bleibt ihre Herkunft problematisch[6,17]. Der schwach deformierte Svaneke III ist durch ein porphyrisches Gefüge (grobe Kristalle in feinkörniger Grundmasse) gekennzeichnet. Die dunkelroten Granite vom Typ Svaneke IV kommen in linsenartigen Einschaltungen vor und werden auf Rekristallisation des Typ III-Granit zurückgeführt[15]. Möglicherweise wurden aber auch die Typ III-Granite durch Fluide während der Intrusion von Pegmatiten in Typ IV umgewandelt[18].

Weiter landwärts säumen **Migmatit**-Vorkommen im grauen Bornholmer Gneis die Übergänge zum Svaneke-Granit (3 im Beitrag „Dänemarks raue Felseninsel mit Charakter und bewegter Erdgeschichte"). Sie erstrecken sich längs eines kilometerbreiten Streifens bis zur Südgrenze der Bornholmer Kristallinvorkommen. Die Migmatite sind in einem frei zugänglichen Steinbruch bei Paradisbakkerne aufgeschlossen (7). Hier werden die dunklen, meist feinkörnig gebänderten Gneis-Lithologien von dezimeterlangen und zentimeterbreiten Quarz-Feldspat-Adern durchzogen, die parallel oder quer zur Schieferung verlaufen (8). Ihre Entstehung geht auf teilweise Aufschmelzung der Bornholmer Gneise während der Svaneke-Granitintrusion zurück. Später wurden die Migmatite noch von Pegmatitgängen durchschnitten. Bei Listed findet sich nahe der Grenze zum Svaneke-Granit eine migmatitische Gneis-Varietät mit quarzitischen und kalksilikatischen Lagen.

Die westlichen Granite Bornholms sind am Stadtrand von Rønne in zwei großen Steinbrüchen anzutreffen, wo der massive **Rønne**-Granodiorit abgebaut wird (3 im Beitrag „Dänemarks raue Felseninsel mit Charakter und bewegter Erdgeschichte", 9). Nach geophysikalischen Interpretationen setzen sich die Vorkommen weiter nach Südosten fort. Das dunkle Erscheinungsbild der Granodiorite ist auf die häufigen Plagioklase (Feldspäte), Pyroxene und Biotite zurückzuführen, letztere mit teilweise blättriger Textur. Unter der Lupe sind nahezu transparente Feldspäte neben den dunklen Mineralien erkennbar. Der Rønne-Granit

12: Mafische Minerale (Plagioklas, Biotit und Hornblende, oft zu Aggregaten verbunden) verleihen dem grauen Vang-Granit ein typisch geflecktes Gefüge (Steinbruch Ringebakke).

13: Leukokrater Aplitgang (?Hammer-Granit) im Vang-Granit (Steinbruch Ringebakke).

wird zudem von hell-rötlichen, feinkörnigen Apliten und grobkörnigen Pegmatiten sowie von schwarzen feinkörnigen Diabasgängen durchzogen. Frühere Modelle gingen von einer zweiphasigen Entstehung aus, mit einer frühen Metamorphose (die an der Basis eines Krustenstapels erfolgte) und einer späteren „Granitisierung", die unter amphibolit-faziellen Bedingungen entstand. In den neuen, einphasigen Modellen werden granodioritische Schmelzen angenommen, die tief in der Kruste intrudierten[1].

Im Kippeløkken-Steinbruch (Betreten nur mit Genehmigung möglich!) treten im frisch gebrochenen Rønne-Granodiorit mehrere Meter lange rote (grüne) Lagen aus dezimeterdicken Pegmatiten hervor (9). Im Detail sind vor allem zentimetergroße rote Feldspatkristalle erkennbar. Die Granite von Klippeløkken werden zur Herstellung von Pflastersteinen (Chaussésten) verwendet, während diejenigen vom benachbarten Steinbruch Stubbeløkken zu Split verarbeitet werden.

Granit im Wandel: Bornholms Kaolinvorkommen

Östlich Rønne entstanden in einem 3 km langen und 200–300 m breiten Streifen durch Verwitterung des Granits mächtige Decken aus **Kaolin** (3 im Beitrag „Dänemarks raue Felseninsel mit Charakter und bewegter Erdgeschichte"). Diese Prozesse fanden in der späten Jura- und frühen Unterkreidezeit statt, als leicht saure Wässer unter einem feucht-warmen Klima die Feldspäte und dunklen Minerale des Granits auflösten und zu Aluminiumsilikaten (Kaolin) umwandelten. Die Quarze blieben unverwittert und sind auch heute als Restbestandteile im Rohkaolin anzutreffen. Ob die Kaolinbildung ausschließlich auf die chemische Verwitterung zurückzuführen ist, oder ob auch hydrothermale Lösungen beteiligt waren, wird für vergleichbare Vorkommen in Cornwall diskutiert.

Der Abbau des auch Porzellanerde genannten Kaolinits von Nygårdsgraven begann nahezu gleichzeitig mit der Gründung der Königlichen Porzellanfabrik in Kopenhagen im Jahr 1775. Als diese dann 1881 den Bornholmer Kaolin nicht mehr benötigte, lieferten die Gruben den Rohstoff an die lokale Ziegel- und Steingutindustrie. Bis in die 1990er Jahre wurde hier Kaolin in tiefen Gruben abgebaut (10). Obwohl diese mittlerweile geflutet sind, schimmern die hellen Kaolinfarben noch heute entlang der Wege durch den Untergrund.

Von Vang bis Hammer: Steinbrüche und Häfen säumen die Ufer

Ca. 10 Kilometer nördlich Rønne tritt zwischen den Bornholmer Gneisen und dem Hammer-Granit der überwiegend graue **Vang**-Granit zu Tage (3 im Beitrag „Dänemarks raue Felseninsel mit Charakter und bewegter Erdgeschichte"). Das mittelkörnige Gestein ist durch eine Fülle mafischer Mineralaggregate gekennzeichnet, die eingeregelt erscheinen (6). An einigen Steinbruchwänden des Ringebakkerne-Steinbruchs (südlich Vang; 11) lässt sich ein O-W-streichendes Gneis-Gefüge erkennen, das von zahlreichen rot gefärbten Aplitgängen durchschlagen wird (13).

14: Blick nach Osten über den Hammerknuden, der die Nordspitze Bornholms bildet, auf Sandvig. Der große See in der Mitte geht auf den jahrhundertelangen tiefen Abbau im Hammer-Granit zurück. Foto: Finn Hansen.

Nach dem lithologischen Geländefund sind die Aplite mit dem weiter nördlich vorkommenden Hammer-Granit verwandt.

Der Vang-Granit wurde seit Ende des 19. Jahrhunderts nahe der Küste in zwei großen Steinbrüchen als Schotter abgebaut, der u. a. für den Bau der Storebælt-Brücke, zwischen Fünen und Seeland, Verwendung fand. Das Gestein wurde über ein Förderband direkt zu einer windgeschützten Verladeanlage transportiert und auf die ankernden Küstenschiffe umgeladen. Dafür musste der Randfelsen zum Meer durchbrochen werden. Um die weitere Nutzung des frequentierten Küstenwegs zu sichern, wurde der Durchbruch durch eine neue Metallbrücke verbunden. Der Granitabbau endete im Jahr 1996 und aus dem Steinbruch wurde ein Naturreservat mit reizvollen Wanderwegen (11). In einem Unterstand des Ringebakkerne-Steinbruches findet sich eine instruktive Fotodokumentation mit Karten zur langen Abbaugeschichte des Vang-Granits und der Verladetechnik.

Nördlich von Vang schließt sich das Verbreitungsgebiet des **Hammer**-Granits an und reicht mit dem Hammerknuden bis an die Nordspitze Bornholms (3 im Beitrag „Dänemarks raue Felseninsel mit Charakter und bewegter Erdgeschichte“, 14). Der mittelkörnige Granit ist das hellste (leukokrate) Kristallingestein der Insel (15). Im frischen Bruch werden die hohen Anteile an Quarz und Kalifeldspat, bei gleichzeitig geringen Gehalten an Plagioklas sichtbar. Der Hammer-Granit gilt als die jüngste Intrusion Bornholms (1), die nach Südosten geneigt unter dem (älteren) Vang-Granit bzw. dem Bornholmer Gneis verschwindet. Im Gelände ist eine starke Klüftung des Gesteins in Spaltensysteme zu sehen, die N-S, NO-SW und NW-SO verlaufen.

15: Vier Varianten des Hammer-Granits: oben links mit rötlichen Kalifeldspäten und wenig Glimmer (Hammer See), rechts daneben mit schwach eingeregelten Biotiten und Hornblende (Moseløkken), darunter mit Hellglimmern und Amphibolen (Olsker). Auch mit Flechtenbewuchs ist die körnige Granitstruktur noch erkennbar.

16: Blick nach Westen über den aktiven Steinbruch Moseløkken auf die Burgruine Hammershus. Foto: Finn Hansen.

Die überwiegend hellrot bis gelbroten Verwitterungsfarben sind auf eisenhaltige Überzüge einzelner Körner zurückzuführen[12]. Rötliche Gesteinsfarben prägen auch das Bild der Burgruine Hammershus, die auf einem Granithügel steht und zudem mit zahlreichen Steinen aus Hammer-Granit gebaut wurde. Bis zur Nordspitze der Insel (Hammerknuden) finden sich deutliche Spuren früherer Granitsteinbrüche. Hier wurde der bekannteste Stein Bornholms bis in die 1970er Jahre abgebaut und über den nahe gelegenen Hammerhavn weiter transportiert (14). Mittlerweile steht diese Region unter Naturschutz und bietet ausgezeichnete Wanderwege mit herrlichen Panoramen auf die Ostsee oder auf die malerischen Kulissen der Seen mit ihren bizarren Felswänden. Der einzige noch aktive Steinbruch im Hammer-Granit findet sich bei Moseløkken (16). Hier gibt es geführte Touren zu den Abbauwänden und auch praktische Einblicke in die Abbautechniken.

Weiter südlich liegen die allseitig vom Bornholmer Gneis umschlossenen **Almindingen**-Granite (3 im Beitrag „Dänemarks raue Felseninsel mit Charakter und bewegter Erdgeschichte“). Es handelt sich um einen leukokraten, mittelkörnigen Biotit-Granit, reich an Kalifeldspat und Quarz, mit geringen Anteilen von Biotit. Mit rötlicher Verwitterungsfarbe ähnelt er dem Hammer-Granit, ist jedoch „streifiger“ ausgebildet. Aus dem stillgelegten Steinbruch Bjergebakke wurde eine Varietät mit vereinzelten Mikroklin-Einsprenglingen beschrieben[5], daneben auch eine weitere mit eher mafischer („Vang-ähnlichen“) Ausprägung.

Weitere kleine und isolierte Granitvorkommen finden sich südlich von Kirkeby mit dem dunkelgrauen **Maegard**-Granit. Dieser weist relativ geringe

18: Der Diabasgang am Küstenweg nördlich Gudjem wurde vom Bach eingeschnitten und frisch herausgewittert; dadurch hebt er sich auch morphologisch gegen den Bornholmer Gneis ab.

Feldspat- und etwas höhere Pyroxenanteile auf[5]. Im Osten der Insel findet sich auf ca. zwei km² Fläche in der Bodilsker-Plantage der **Hallegard**-Granit, vergleichbar mit dem Svaneke-Granit, jedoch mit großen (oft zonierten) Plagioklasen und einer Reihe mafischer Minerale[7].

Diabase: Gigantische Spalten und einstige Eruptionen

Alle Kristallingesteine Bornholms werden an Störungen von steil stehenden **Diabasgängen** durchschnitten, die bis zu mehreren Kilometer lang sein können. Sie verlaufen hauptsächlich NNO-SSW bzw. NNW-SSO und sind

17: An der Schärenküste bei Saltuna wird der Bornholmer Gneis von dem größten Diabas- bzw. Doleritgang der Insel, dem 60 Meter breiten Keldseå-Gang, durchschlagen. Die gelb gestrichelte Linie markiert die Grenze zum Bornholmer Gneis.

oft nur wenige Meter breit. Viele wurden durch spätere Erosion zu Tälern ausgeweitet und pausen sich deutlich durch die Morphologie (3, 5 im Beitrag „Dänemarks raue Felseninsel mit Charakter und bewegter Erdgeschichte"). Entlang der zerklüfteten Küstenlinie werden sie oftmals durch schmale Einschnitte dokumentiert, die aufgrund der geringeren Widerstandsfähigkeit der Diabase ausgewaschen wurden.

Die dunklen, oft porphyrischen Gänge entstanden, als Magmen entlang von Spalten nach oben drangen und Vulkane speisten. Diese sind auf Grund späterer Erosion heute nicht mehr zu finden. Durch die Gänge lassen sich jedoch zahlreiche Eruptionen belegen, die während vier Hauptphasen stattfanden: der Keldseå-Gang vor ca. 1,326 Ga[8], zahlreiche kleine Gänge um 1,22 Ga, der Listed-Gang um 0,95 Ga und einige NW verlaufende Gänge um 0,3 Ga, bzw. 300 Millionen Jahre[13].

Der 30 Meter breite **Listed**-Gang durchschneidet am Gule Hald (5) den Granit vom Typ Svaneke II. Dabei ist der weitgehend erodierte Diabas an der Grenze zum Granit feinkörnig, fast glasig ausgebildet, während er in der Mitte des Ganges ein grobkörnig-porphyrisches Gefüge aufweist, was mit der unterschiedlich schnellen Abkühlung der Lava zusammenhängt.

Der **Keldseå**-Gang ist mit bis zu 60 Metern der breiteste und mit 20 Kilometer auch der längste. Er erstreckt sich nahezu über die gesamte Insel (3, 5 in „Dänemarks raue Felseninsel mit Charakter und bewegter Erdgeschichte") – in seinem Verlauf liegt auch das bekannte Ausflugsziel Ekkodalen im Zentrum Bornholms. Das kastenförmige Tal ist kilometerlang in den Almindingen-Granit eingeschnitten. Wie mit dem Lineal gezogen, setzt sich der Gang weiter nach Osten fort und mündet bei Saltuna (17) entlang des gleichnamigen Flüsschens ins Meer. Über mehrere Zehnermeter ist die Grenze zwischen den jüngeren vulkanischen Gesteinen (18) und den Bornholmer Gneisen mit senkrechter Fläche zu verfolgen. Obwohl die dunklen Gesteine an der Küste größtenteils von Sand und Kies bedeckt sind, ist der Diabas-Gneis-Kontakt gut erreichbar.

Dank: Finn Hansen (Bornholm) danke ich für die Bereitstellung von Fotos.

Literatur zum Thema

1 Bogdanova, S. V., B. Bingen, R. Gorbatschev, T. N. Kheraskova, V. I. Kozlov, V. N. Puchkov & Y. A. Volozh (2008): The East European Craton (Baltica) before and during the assembly of Rodinia. Prec. Res. 160(1): 23–45.

2 Bubnoff, S. v. (1932): Der Hammergranit von Bornholm. Fortschr. Geol. Paläont. 11(33): 1–24.

3 Bubnoff, S. v. (1938): Beiträge zur Tektonik des skandinavischen Südrandes I: Das Gefüge des Hammergranites auf Bornholm. N. Jb. Min., Geol. Paläont., Beil.-Bd. B79: 274–384.

4 Bubnoff, S. v. (1942): Beiträge zur Tektonik des skandinavischen Südrandes II: Die älteren Granite Bornholms in Rahmen der svekofennischen Tektogenese. N. Jb. Min., Geol. Paläont., Beil.-Bd. B87: 277–396.

5 Callisen, K. (1934): Das Grundgebirge von Bornholm. Danmarks Geologiske Undersøgelse II. Række 50: 1–266.

6 Čečys, A. & K. Benn (2007): Emplacement and deformation of the ca. 1.45 Ga Karlshamn granitoid pluton, southeastern Sweden, during ENE-WSW Danopolonian shortening. Intern. J. Earth Sci. 96(3): 397–414.

7 Graversen, P. (1996): Geologisk set. Bornholm. En beskrivelse af områder af national geologisk interesse. Geografforlaget-Verlag, Brenderup.

8 Holm, P. M., L. M. Heaman & L. E. Pedersen (2005): First direct age determination for the Kelseaa Dolerite Dyke, Bornholm, Denmark. Bull. Geol. Soc. Denmark 52: 1–6.

9 Johansson, Å., B. Svetlana & A. and Čečys (2006): A revised geochronology for the Blekinge Province, southern Sweden. GFF 128(4): 287-302.

10 Johansson, Å., T. Waight, T. Andersen & S. L. Simonsen (2016): Geochemistry and petrogenesis of Mesoproterozoic A-type granitoids from the Danish island of Bornholm, southern Fennoscandia. Lithos 244: 94–108.

11 Jørgart, T. (2000): The basement geology of Bornholm. An excursion guide. In: Paper for the field conference "TransBaltic Precambrian Correlations", EUROBRIDGE Bornholm 2000, S. 1–37.

12 Jørgart, T. & A. T. Nielsen (1995): Geology of the island Bornholm (Denmark). In: Katzung, G. et al. (Hrsg.): Geologie des südlichen Ostseeraumes – Umwelt und Untergrund. Terra Nostra 6/95: 115–156.

13 Obst, K. (2000): Permo-Carboniferous dyke magmatism on the Danish island Bornholm. N. Jb. Geol. Paläont. Abh. 218(1–2): 243–266.

14 Pichavant, M., A. Villaros, J. A. S. Michaud & B. Scaillet (2024): Granite magmatism and mantle filiation. Europ. J. Min. 36(1): 225–246.

15 Platou, S. W. (1970): The Svaneke granite complex and the gneisses on East Bornholm. Bull. Geol. Soc. Denmark 20: 93–133.

16 Waight, T. E., D. Frei & M. Storey (2012): Geochronological constraints on granitic magmatism, deformation, cooling and uplift on Bornholm, Denmark. Geol. Surv. Denm. Greenl. Bull. 60: 23–46.

17 Waight, T. E., S. H. Serre, S. H. Naesby & T. B. Thomsen (2017): The ongoing search for the oldest rock on the Danish island of Bornholm: new U-Pb zircon ages for a quartzrich xenolith and country rock from the Svaneke Granite. Bull. Geol. Soc. Denmark 65: 75–86.

18 Zariņš, K. & Å. Johansson (2009): U–Pb geochronology of gneisses and granitoids from the Danish island of Bornholm: new evidence for 1.47–1.45 Ga magmatism at the southwestern margin of the East European Craton. Intern. J. Earth Sci. 98(7): 1561–1580.

1: Der kambrische Balka-Sandstein ist so hart, dass er sich hervorragend als Mühlstein eignete.

Jens Lehmann

Das Kambrium – erstes Leben auf Bornholm

Die vor 1,4 Milliarden Jahren tief in der Erdkruste erstarrten Kristallingesteine des Präkambriums von Bornholm wurden durch Erosion soweit freigelegt, dass sie bereits ab dem frühesten Kambrium, vor knapp 540 Millionen Jahren, wieder abgetragen wurden und es zur Bildung erster Sedimente kam. Da der Quarzanteil neben Feldspat in den kristallinen Gesteinen besonders hoch ist, wundert es nicht, dass zunächst überwiegend Sandsteine abgelagert wurden (1).

Die gesamte kambrische Abfolge ist auf Bornholm nahezu 280 m mächtig (2). Sie beginnt mit dem etwa 100 m mächtigen, fossilleeren Nexø-Sandstein. Das überwiegend dunkel rotbraune Gestein findet sich im Süden der Insel (3). Formal handelt es sich um die Nexø-Formation, die in das Gadeby-Member und das darüberliegende Langeskanse-Member unterteilt wird; diese Untereinheiten sind ungefähr 40 bzw. 50 m mächtig[24]. Die Stratotypen beider Member sind übrigens Bohrkerne, obwohl erstere nach der Ortschaft aktiver Steinbrüche benannt ist und der zweite nach einem Küstenabschnitt auf Bornholm. Das Langeskanse-Member ist deutlich quarzitischer als das darunterliegende Member, zeigt eine bessere Sortierung mit grünlichen, feinkörnigen Einschaltungen, die sich vom generell bräunlich-rötlichen Farbton anheben. Die Komponenten der Nexø-Formation sind an der Basis grob, konglomeratisch, aber mit nur schlecht gerundeten Ecken in den untersten Metern der Abfolge. Weiter im Hangenden (Langeskanse-Member) nimmt der Feldspatanteil dann rapide ab und die Mineralkörner sind besser gerundet, was als ein Kriterium für fließendes Wasser gilt. Da der relativ weiche Feldspat im Unterschied zum widerstandsfähigen Quarz rasch zerrieben wurde, enthält der Nexø-Sandstein meist nur 15–20% Feldspat. Seine vermeintlich typische rötliche Färbung wurde vom Eisenmineral Hämatit hervorgerufen. Er kann aber auch sekundäre Verfärbungen aufweisen (4). Die rötliche Färbung beschränkt sich auf das liegende Gadeby-Member, wie der Borggård-Bohrkern zeigt, der Stratotypus dieser Formation[39]. Diese Imprägnation mit Hämatit gibt Rätsel auf, denn das Eisenmineral kann kein Verwitterungsprodukt des lokalen Grundgebirges sein. Es wird daher vermutet, dass es über 150 km aus dem heutigen Schweden in diese Region transportiert wurde[12]. Als weitere Möglichkeit wird zudem auch Windtransport diskutiert, der in der Abfolge des Nexø-Sandsteins möglicherweise eine gewisse Rolle spielt[5].

			Ungefähre Mächtigkeit
Kambrium	Alaunschiefer-Formation	*lückenhaft*	2,5 m
	Schichtlücke (Hawke Bay-Ereignis)		
	Læsa-Formation	Rispebjerg-Member	1-3,7 m
		Norretorp-Member (Grüne Schiefer)	103 m
	Hardeberga-Formation (Balka-Sandstein)		80 m
	Nexø-Formation	Langeskanse-Member	50 m
		Gadeby-Member	40 m

2: Schichtserien des Kambriums auf Bornholm. Mächtigkeiten nach der Literatur[3,8,28].

Rippelmarken und warum Fossilien fehlen

Mitunter lassen sich Wellenrippeln erkennen, die auf einen deltaischen, ganz flachen Schelf deuten (5). Diese Interpretation wird auch durch die häufigen grünen Glaukonitkörner bestätigt. Teilweises Trockenfallen lässt sich durch Trockenrisse belegen. Auch die häufigen Windrippeln zeugen von terrestrischen Bedingungen, aber auch von Umlagerung auf der Ebene. Dass es sich beim Ablagerungsraum überwiegend um eine Flussniederung gehandelt haben dürfte, ergibt sich im Übrigen auch daraus, dass der oft schräggeschichtete Sandstein fossilleer ist[24]. Im Kambrium gab es auf dem Festland noch kein Leben, es wären daher allenfalls marine Fossilien zu erwarten. Zwar gibt es eine Theorie der Existenz makroskopischen Landlebens bereits im Präkambrium, mit Edia-

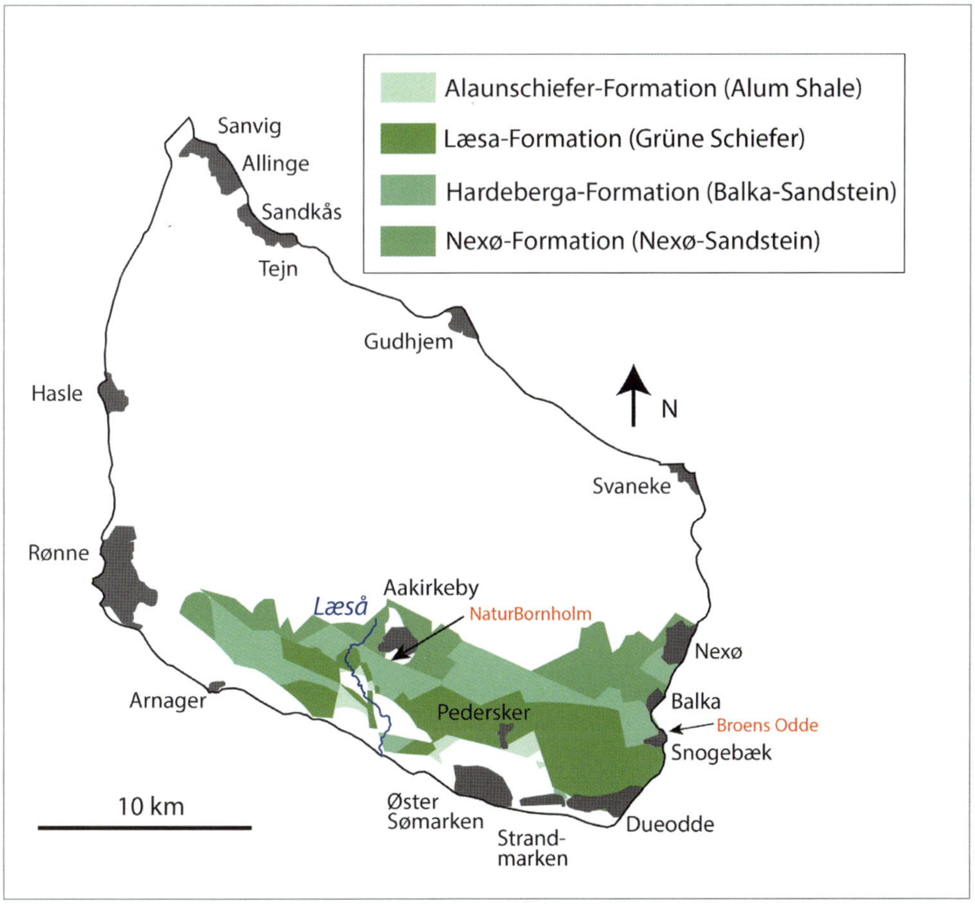

3: Karte von Bornholm mit dem Ausstrich des Kambriums, umgezeichnet nach Gravesen[8].

4: Wellenrippeln im Nexø-Sandstein. Foto: Johannes Kalbe.

5: Verfärbungen im primär rötlichen Nexø-Sandstein. Eine deutliche Schrägschichtung ist erkennbar. Steinbruch bei Gadeby. Foto: Jochen Kuss.

cara-Organismen als großen Flechten statt frühesten größeren Tieren[28,29], jedoch sind diese „großen Flechten" umstritten. Die Theorie wird schon über einen langen Zeitraum vertreten[33], doch das Fehlen von Fossilien im weitgehend kontinental abgelagerten Nexø-Sandstein spricht auch gegen sie. Frühere Spekulationen über ein Massensterben an der Präkambrium-Kambrium-Grenze treffen höchstwahrscheinlich nicht zu[13]. Da demnach die Entwicklung des Lebens über diese Grenze hinweg heute als kontinuierlich angesehen wird, müsste es spätestens im Unterkambrium makroskopische Fossilien in einem marinen Ablagerungsraum geben.

Der Sandstein wird heute noch bei der namensgebenden Ortschaft Nexø, im Südosten Bornholms, gebrochen. Er wird nach wie vor als Naturstein verwendet und prägt auch das Ortsbild (6). Im 19. Jahrhundert gab es einen Steinbruch am Ortsausgang von Nexø in Richtung Svaneke. Dieser historische Steinbruch heißt „Frederiks Stenbrud" und liegt direkt am Meer. Er ging bei einem Jahrhundertsturm im Jahr 1872 jedoch an die Ostsee verloren (7). Die aktuellen Steinbrüche liegen bei der Ortschaft Gadeby, von Nexø aus etwa 5 km ins Landesinnere Richtung Westen (8). Hier trifft man die kommerziell attraktivste feinkörnige und plattige Variante des gleichnamigen rötlichen Members an. Der Steinbruch bei Gadeby kann besichtigt werden, wie der dortige Geotourismus auch insgesamt beworben wird. Näheres hierzu erfährt man im Nexø-Museum. Dort geht man auch auf die Abbautätigkeit von Sandstein in Gadeby und auch auf den von Granit auf Bornholm näher ein.

7: Frederiks Stenbrud, ein im Jahrhundertsturm 1872 an die Ostsee verloren gegangener Steinbruch im Balka-Sandstein.

Der Balka-Sandstein und die Revolution des Lebens

Über dem Nexø-Sandstein folgt der Balka-Sandstein. Früher war er namensgebend für eine Formation; inzwischen wird er jedoch zur Hardeberga-Formation gerechnet[24]. Mit diesem meist hellgräulichen, mitunter auch bräunlich oder schwärzlichem mittelkörnigen Gestein (9) beginnt die rein marine Abfolge auf Bornholm. Der Sandstein ist sehr hart, sodass er gelegentlich auch als Quarzit bezeichnet wird[16]. Der Balka-Sandstein durchlief zwar eine Diagenese, bei der die Mineralkörner eng mitei-

6: Der Nexø-Sandstein als Baumaterial des 1946 gestifteten Triton-Brunnens in Nexø mit verschiedenen Daten, die für die Bürger des Orts von Bedeutung sind.

kambrischen Revolution des Lebens[17]. Dieser Begriff betont die tiefgreifenden Veränderungen im Bauplan und der Ökologie der Lebewesen im Kambrium. Im Gegensatz zum öfters genutzten Begriff „kambrische Explosion“ betont er die Geschwindigkeit weniger stark (vgl. auch FOSSILIEN 4/2010: 218–224). Die Ediacara-Organismen zeigen bereits vielzelliges Leben im späten Präkambrium an. Die Entwicklung hin zu modernen Tierstämmen wird weniger explosiv vonstattengegangen sein als es uns die Überlieferung glauben lässt. Dazu zählen die Ausbildung von Hartteilen und Skeletten auch in Verbindung mit der Ausbildung von Räuber-Beute-Beziehungen, sowie die Zunahme der Biodiversität.

nander verschweißt wurden, ein Metamorphit ist er jedoch nicht. Ein Hinweis darauf sind die recht gut erhaltenen Spurenfossilien, die ältesten Lebensreste auf Bornholm. Dennoch ist er extrem hart und wurde deshalb in historischer Zeit auch für Mühlsteine gebrochen (1). Selten enthält er Tongerölle (10).

Der Balka-Sandstein ist bis zu 90 m mächtig und nur von einigen dunklen, organisch-reichen Tonsteinlagen unterbrochen. Letztere zeugen zusammen mit den ersten Spurenfossilien und Algenresten von der

8: Abbau von Nexø-Sandstein im Steinbruch Gadeby. A: Frischer Abbau. B: Detailaufnahme, die unter anderem links in der Mitte ein Stück Sandstein mit gröberen Komponenten zeigt. Fotos: Jochen Kuss.

9: Schichtköpfe des Balka-Sandsteins, farblich von beige über rötlich bis schwarz variierend und mit dünnen Tonsteinlagen zwischen den Sandsteinschichten. Aufgelassener Steinbruch bei Pedersker.

10: Schichtfläche mit herausgewitterten ovalen Tonsteinaggregaten im Balka-Sandstein, Steinbruch bei Pedersker.

Auf Bornholm sind sowohl an der namensgebenden Lokalität am Strand von Balka als auch in den aufgelassenen Steinbrüchen Spurenfossilien und Rippelmarken als typische Flachwasser-Anzeiger zu bestaunen (11, 12). Der Ablagerungsbereich wird als gezeitendominiert, mit zahlreichen Prielen, interpretiert, was die gebogenen Schichtflächen mit Schrägschichtung belegen. Die Steinbrüche nördlich von Pedersker (13) und in Strøby nahe NaturBornholm sind gut zugänglich. Rippelmarken sind besonders an der letztgenannten Lokalität sehr schön aufgeschlossen und direkt benachbart am Museumsbau auch ausgestellt. Im Balka-Sandstein zeigen nicht nur die Schichtflächen organismische Aktivität (11), sondern hier kann man auch einen weiteren Aspekt der kambrischen Revolution gut studieren: die kambrische Substrat-Revolution[38], auch agronomische Revolution genannt[32]. Damit ist gemeint, dass Spurenfossilien im Kambrium erste komplexere Bewegungen vollzogen und zum Graben und Wühlen übergegangen sind. Sie nutzten erstmals das Sediment als Lebensraum. Auf Bornholm sind senkrecht gegrabene Gänge ein eindeutiger Hinweis darauf. Solche Gänge sind am Strand von Balka sehr schön zu erkennen (14)[14]. Neben den einfachen *Skolithos*-Röhren kommen auch die etwas komplexeren Baue von *Diplocraterion* und *Monocraterion* vor (erwähnt in FOSSILIEN 2/2007: 69). *Skolithos* ist ein Spurenfossil, das durch extrem engständige senkrechte Röhren gekennzeichnet ist. Mögliche Erzeuger sind marin lebende Hufeisenwürmer oder Borstenwürmer, wie sie auf den Wattflächen der Nordsee heute noch vorkommen[15], aber dieser Spurentyp ist auch aus terrestrischen Milieus bekannt[30]. Die Lebensweise bleibt jedoch unklar – ob es sich dabei um Suspensionsfresser, Detritusfresser oder möglicherweise sogar um Räuber handelte[7]. Außerdem wurde spekuliert, dass es sich um die versteinerten Aktivitäten koloniebildender Ringelwürmer (Anneliden) handeln könnte[6]. Auf Bornholm kann man *Skolithos* in Küstenaufschlüssen exzellent studieren. Vom Hafen des kleinen Fischerorts Snogebaek bis zur Landzunge Salthammer Odde nördlich davon steht am Ufer der Balka-Sandstein an. Neuwald beschreibt, dass man nördlich der Seebrücke besonders *Skolithos*-Gänge sehen kann, während südlich davon die U-förmigen *Monocraterion*-Baue und andere Spurenfossilien zu finden sind[19]. In jedem Fall findet man hier die ältesten Fossilien Dänemarks! Es passt ins Bild einer aus geologischer Sicht raschen, aber nicht explosiven Entwicklung, dass diese Spurenfossilien erst im oberen Balka-Sandstein sehr häufig sind[16]. Aus Kalifornien wurden jüngst Sandsteine mit *Skolithos* in Bezug auf die Auswirkungen der Erzeuger dieses Spurenfossils auf die Sauerstoffdurchdringung des Sediments und die Remineralisierung von organischem Kohlenstoff untersucht[37]. Den Modellierungen dieser Autoren nach zu urteilen, vergrößert die zunehmende Dichte von *Skolithos*-Bauen die lokale sauerstoffreiche Zone erheblich, und im Gegensatz zu anderen Bioturbationsarten kann sie auch die Schwefeloxidation verringern. Ob Sandsteine mit *Skolithos* tatsächlich die Ökologie, Chemie und Sedimenteigenschaften des Meeresbodens in größerem Maßstab verbesserten, wird jedoch aufgrund der nicht besonders großen Verbreitung dieser Spurenfossilhorizonte offengelassen.

Auch eine andere Besonderheit der kambrischen Sandsteine wurde bereits in FOSSILIEN vorgestellt[20]. Im Steinbruch Strøby wurden vom inzwischen verstorbenen Prof. Seilacher aus Tübingen im Jahr 2006 die Abdrücke mutmaßlicher Quallen entdeckt. Er orientierte sich dabei an ähnlichen Ablagerungen, die er in den USA und in Indien gesehen hatte und die als fossile Abdrücke von Quallen interpretiert wurden. An mehreren Stellen entdeckte er im Steinbruch Strøby charakteristische, kreisförmige Strukturen. Es bleibt die Frage, ob und wie ein solch zartes Gebilde überhaupt erhalten bleiben kann und entsprechend umstritten blieb diese Deutung. Als mögliche Erklärung könnten die Erhaltungsbedingungen einer Lagune dienen. Eine Qualle, die im Sand gestrandet ist, kann von zähklebrigen Algenmatten, wie sie in präkambrischen, aber auch noch in frühkambrischen Gewässern nicht selten waren, bedeckt worden sein. Dieses hätte sie per-

11: Horizontale Gänge auf Schichtflächen des Balka-Sandsteins im Steinbruch nördlich von Pedersker. A: Detail, B: Übersicht, Foto B: Olaf Elicki.

fekt geschützt, sodass ihre feinen Strukturen im Feinsandstein konserviert werden konnten.

Schiefer, die keine sind

In den paläozoischen Abfolgen über den genannten Sandsteinformationen begegnen uns immer wieder Intervalle die als „Schiefer“ (Englisch „Shale“) bezeichnet werden. Mit „Schiefer“ sind im petrologischen Sinn laminierte Tonsteine gemeint. Ein echter Schiefer ist dagegen korrekterweise kein Sediment, sondern ein metamorphes Gestein. Dies ist auch in den folgenden Kapiteln dieses Sonderhefts zu beachten.

12: Rippelmarken im unterkambrischen Balka-Sandstein, hier im Steinbruch bei Strøby bei NaturBornholm. Foto: Olaf Elicki.

13: Der stillgelegte Pedersker-Sandsteinbruch ist heute ein idyllischer Ort. Der Maßstab rechts im Bild entspricht 3 m.

Über dem Balka-Sandstein folgen 80–100 m „Grüne Schiefer“. Dies sind ebenfalls marine Sedimente, die aber in etwas größerer Wassertiefe abgelagert wurden. Es handelt sich um ein feinklastisches Sediment unterschiedlicher Korngröße, jedoch insgesamt feinkörniger als der Balka-Sandstein. Auch die Farbansprache als „grün“ verwirrt. Das Gestein erscheint im Aufschluss nur im frischen Zustand durch seinen Glaukonitgehalt grünlich. Da es oberflächlich meist verwittert ist, wirkt seine Färbung oft eher bräunlich, im Bereich der Küstenaufschlüsse mehr gräulich. Die „Grünen Schiefer“ sind formal dem Norretorp-Member der Læsa-Formation des mittleren Unterkambriums (Serie 2[4]; vgl. **21**) zuzuordnen[24]. Sie zeigen wellige Schichtflächen; die Bankung ist schlecht. Das Norretorp-Member ist an der Typuslokalität, dem Bach Læesa (westlich von Aarkirkeby) und an der Broens Odde aufgeschlossen (**3**, **15**, **16**). Das Gestein enthält zahlreiche Phosphoritkonkretionen, die an der Küste aus dem Gestein herausgewaschen werden und dann lose am Strand liegen (**17**). Paläontologisch ist das Norretorp-Member interessant, denn es enthält Acritarchen und die ältesten Makrofossilien Bornholms. Acritarchen sind 20–200 Mikrometer große organische Fossilien, deren genaue systematische Zuordnung oft schwierig ist.

14: Röhrenförmige Baue von Skolithos am Strand von Balka. A) Senkrechter Blick auf eine Schichtfläche mit den kreisrunden Bauen in Aufsicht und B) Vertikal lässt sich erkennen, dass diese Spurenfossilien den Meeresboden mehrere Zentimeter tief durchdrungen haben.

Viele Acritarchen werden als Ruhestadien (Zysten) von Algen, insbesondere von Dinoflagellaten, interpretiert. Einige könnten auch von anderen eukaryotischen Plankton-Organismen stammen. Die Makrofossilien des Norretorp-Members sind nicht sehr häufig und nicht allzu gut erhalten. Am bekanntesten sind Hyolithen, maximal einige Zentimeter lange, kegel- bis pyramidenförmige Röhren (18). Im Querschnitt sind sie dreieckig oder elliptisch. In einem ausführlichen deutschsprachigen Führer zur Geologie von Bornholm aus dem Jahr 2000 werden sie noch als wahrscheinlich „eine[r] Art von Weichtieren“ zugeordnet[3]. Heute wird angenommen, dass sie vermutlich in enger Verwandtschaft zu den Brachiopoden und Bryozoen stehen[18]. Hinzu kommen Fossilien, die als Problematika gelten müssen. Trilobiten sind aus diesem Member nur aus Schonen bekannt[24].

Im hangenden Abschnitt des Norretorp-Members sind relativ grobe Sandsteine eingeschaltet. Sie kündigen den nur 3 m dicken Rispebjerg-Sandstein an, der als separates Member der Læsa-Formation definiert ist. Die geringe Dicke und seine grobsandige Ausprägung charakterisiert ihn als eine erneute Flachwasserbildung, die jedoch nur kurz anhielt. Das höhere Unterkambrium und frühe Mittelkambrium fehlt auf Bornholm und das restliche Mittelkambrium ist nur lückenhaft überliefert. Diese Schichtlücke um die Unter-/Mittelkambrium-Grenze ist im baltischen Raum überregional und sogar global; sie

16: Ein Schichtpaket des Norretorp-Members, auch als „Grüne Schiefer" bezeichnet, Læsa-Formation an der Broens Odde.

wird auch als Hawke Bay-Ereignis bezeichnet[25]. Beim Hawke Bay-Ereignis handelt es sich um Epirogenese, also über lange Zeiträume erfolgende großflächige Bewegungen der Erdkruste. Dies führte zu Abtragung. Mit einer Transgression im Mittelkambrium setzte erneut Sedimentation ein. Diese war sehr feinkörnig-tonig und es gelangte nur wenig Material über die Flussfracht ins Meer. Mit anderen Worten war die Sedimentationsgeschwindigkeit vom späten Kambrium bis ins frühe Ordovizium sehr gering. In etwa 40 Millionen Jahren wurden nur ungefähr 40 m Sedimentgestein abgesetzt. Den größten Anteil hieran hat der als Alaunschiefer bezeichnete Tonstein, der allerdings sicherlich auch eine beträchtliche Kompaktion erfahren hat.

Der Alaunschiefer

Bei der Alaunschiefer-Formation handelt es sich um laminierte Tonsteine, die fein aufspalten. Jedoch gibt es auch karbonatische Einschaltungen und karbonatische Konkretionen (19). Neben 80% Ton enthält der Alaunschiefer einen organischen Anteil von 10% sowie 10% Pyrit als typische Anzeichen für ein sauerstoffuntersättigtes Ablagerungsmilieu am Meeresboden. Dennoch enthalten diese Sedimentgesteine reichlich Trilobiten, was unter den allgemein lebensfeindlichen, da niedrigen Sauerstoffkonzentrationen bemerkenswert ist. Der Alaunschiefer und mögliche paläoökologische Interpretationen und Erhaltungsmuster wurde bereits 1998 schon einmal in FOSSILIEN vorgestellt[21].

15: Die „Grünen Schiefer" an der Broens Odde treten als Härtlinge der Verwitterung entgegen.

17: *Phosphoritkonkretionen des Norretorp-Members. A: Schichtfläche mit Phosphoritkonkretionen. B: Die Phosphoritkonkretionen sind besonders verwitterungsbeständig und finden sich oftmals lose am Strand an der Broens Odde.*

18: *Hyolithen, wie sie in den Konkretionen der Læsa-Formation vorkommen, von der eine Schichtfläche im Hintergrund zu sehen ist. A: Hyolith aus dem Ordovizium von Schweden, B–C: Rekonstruktion eines Hyolithen, D: Phosphoritkonkretionen in situ.*

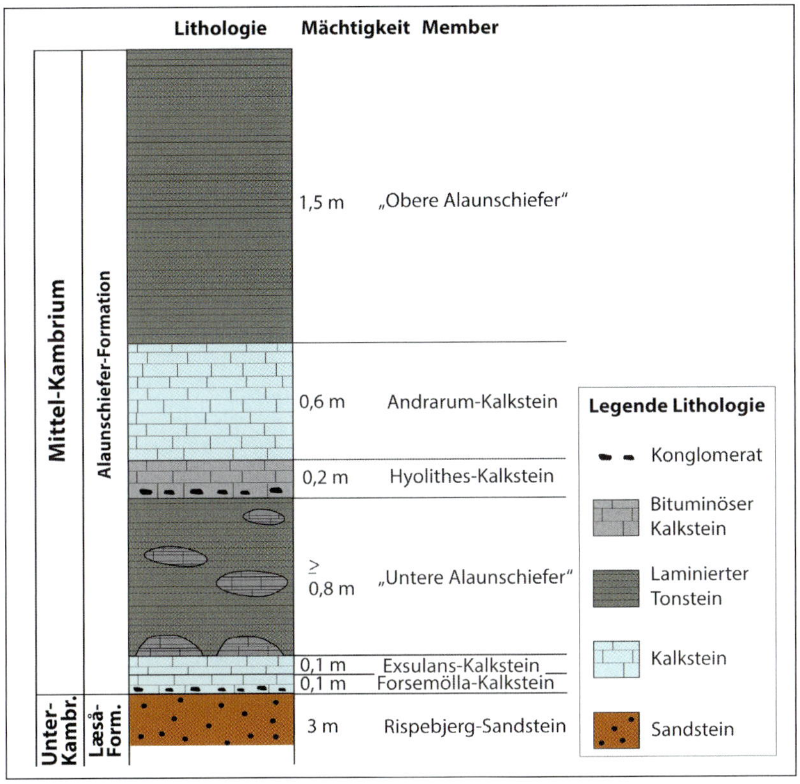

19: Stratigraphische Abfolge des höchsten Unter- und Mittelkambriums bei Øleå auf Bornholm. Nach Weidner & Nielsen[35] (dort Schichtmächtigkeiten nicht proportional zueinander!).

Je nach Sauerstoffkonzentration lassen sich verschiedene Faunen in den Alaunschiefern Skandinaviens feststellen[31]. Unter relativ hohen Sauerstoffkonzentrationen bevölkerten Brachiopoden und nicht-olenide „normale“ Trilobiten den Meeresboden (20). Unter niedrigeren Sauerstoffkonzentrationen dagegen wurde die Fauna von Agnostiden dominiert und bei niedrigsten Sauerstoffkonzentrationen von oleniden Trilobiten[31]. Je mehr Sauerstoff im Bodenwasser vorhanden war, desto weniger kalkig erhaltene Fossilien finden wir (während der Reoxidation von Sulfidverbindungen bilden sich korrosive

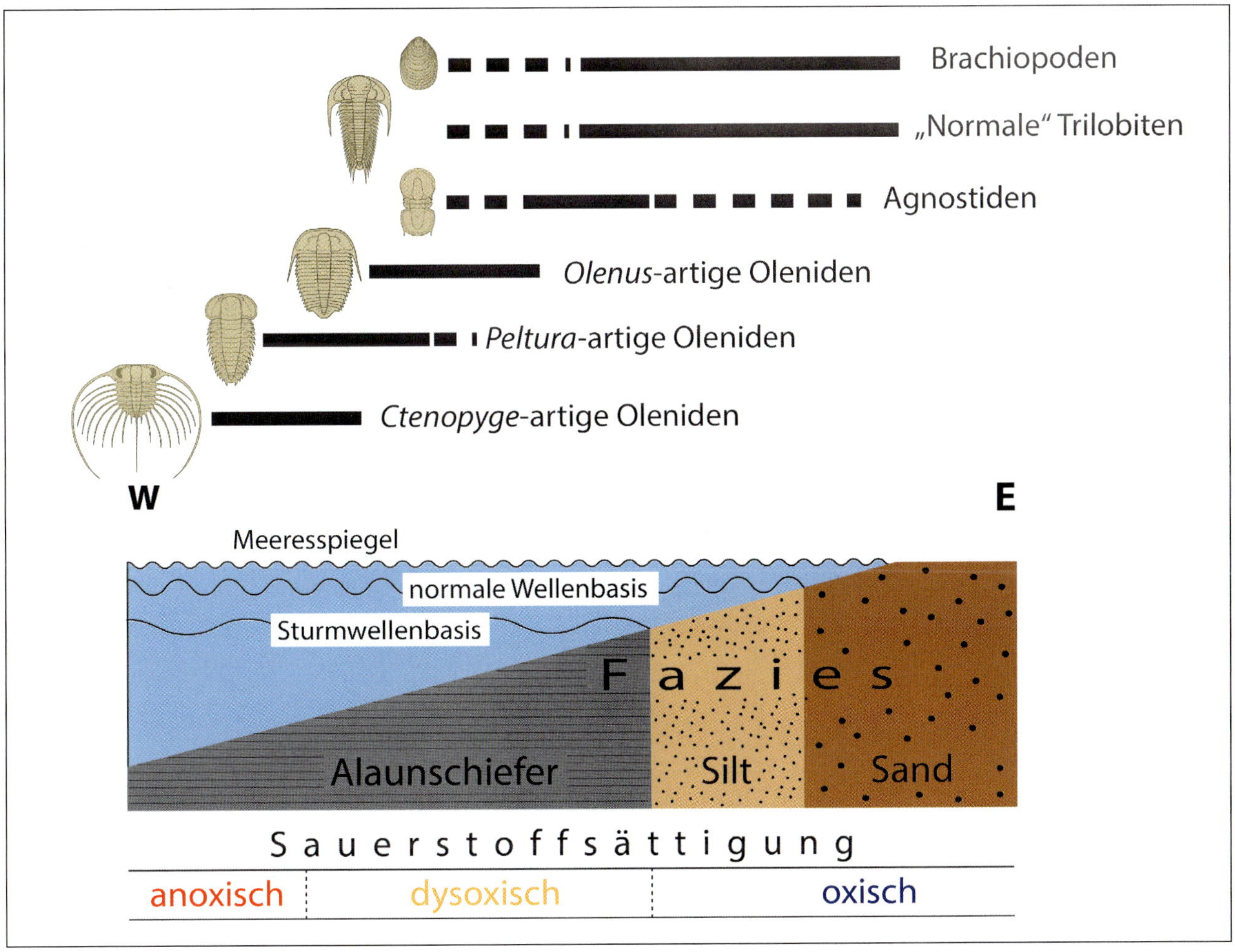

20: Ablagerungsmodell und Umwelttoleranz der benthischen Fauna in der Alaunschiefer-Fazies. Nicht maßstabsgetreu; umgezeichnet nach Schovsbo[31].

21: *Ein niedriges Kliff aus Tonsteinen des späten Kambriums entlang des Bachs Læsa mit großen Kalksteinkonkretionen in situ. Foto: Olaf Elicki.*

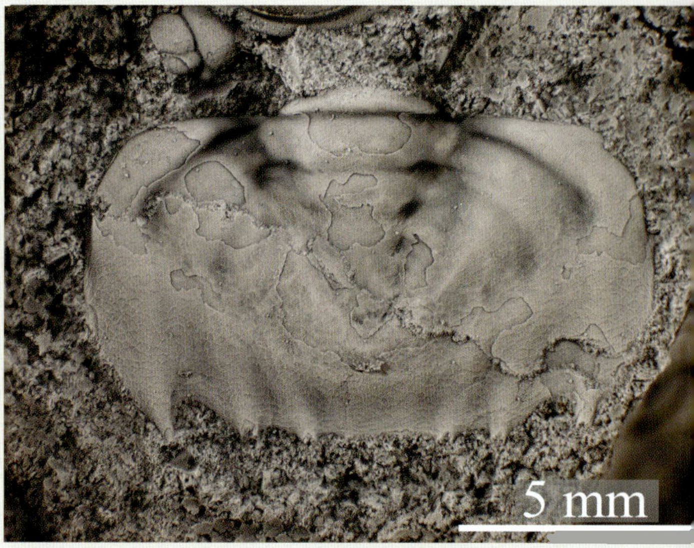

22: *Pygidium des Trilobiten Anopolenus henrici Salter 1864. Mittleres Kambrium, Acidusus atavus Zone, Øleå, Bornholm. Original zu Weidner & Ebbestad[34], Foto der Autoren.*

Porenwässer). Anders gesagt, werden kalkige Hartteile am ehesten unter niedrigen Sauerstoffkonzentrationen überliefert. Im Alaunschiefer wechseln sich fossilreiche mit fossilfreien bis fossilarmen Intervallen ab. Die verarmten Intervalle enthalten phosphatisch erhaltene Fossilien von Brachiopoden und Ostracoden sowie Graptolithen. Diese unterschiedliche Fossilerhaltung könnte auf größere Veränderungen des Sauerstoffgehalts zurückzuführen sein, was vielleicht mit Meeresspiegel- und klimatischen Schwankungen zusammenhängt.

Der Alaunschiefer Bornholms enthält vereinzelt dünne kalkige Abschnitte und auch einzelne Karbonatkonkretionen[35]. Sie sind entlang des Læsa-Baches (3) bei geringem Wasserstand als riesige Konkretionen aufgeschlossen (21). Begleitsedimente, wie im rechten Teil des Faziesschema (20) eingezeichnet, fehlen hier.

Leitfossilien, Superzonen und Provinzen

Wer bei den Trilobitenfossilien der Insel Bornholm die prächtigen kambrischen Trilobitenfunde Tschechiens, der USA oder Marokkos im Kopf hat, muss enttäuscht werden. Nicht nur dass die meisten Bornholmer Trilobiten flachgepresst in Tonsteinen vorliegen. Auch die in Kalkkonkretionen oder kalkigen Lagen erhaltenen Exemplare wären aus Sammlersicht keine Zierde einer Museumsvitrine (22). Zudem ist speziell an den kleinräumigen Aufschlüssen des Kambriums auf Bornholm (21) äußerst zurückhaltendes Sammeln geboten, an das sich jeder FOSSILIEN-Leser halten sollte. Obwohl die kambrischen Trilobiten der Insel nicht prächtig erhalten sind, so sind sie den-

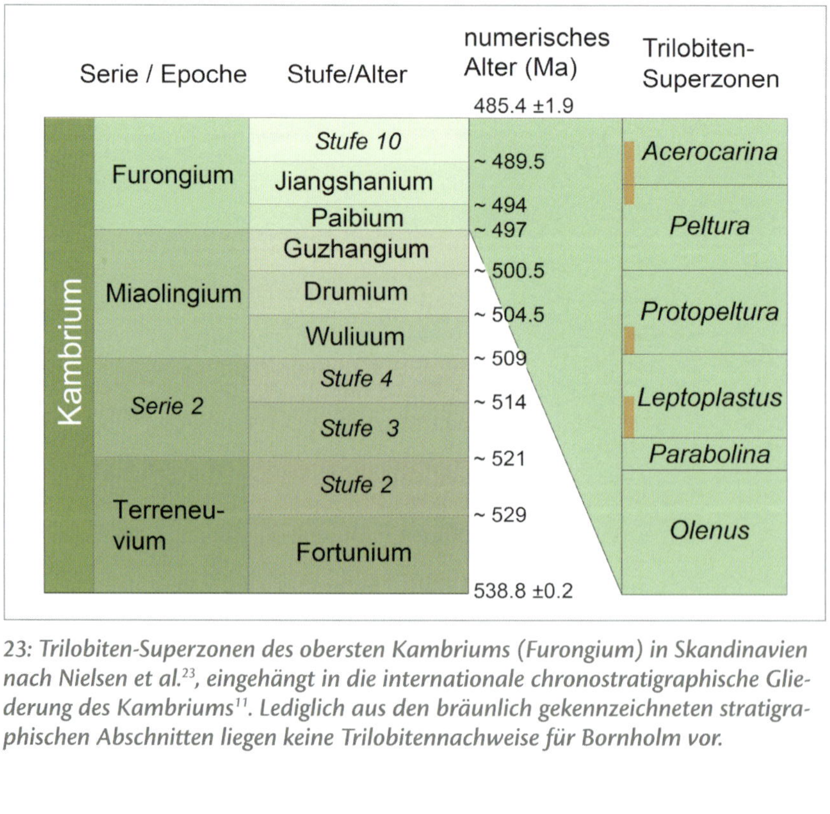

23: *Trilobiten-Superzonen des obersten Kambriums (Furongium) in Skandinavien nach Nielsen et al.[23], eingehängt in die internationale chronostratigraphische Gliederung des Kambriums[11]. Lediglich aus den bräunlich gekennzeichneten stratigraphischen Abschnitten liegen keine Trilobitennachweise für Bornholm vor.*

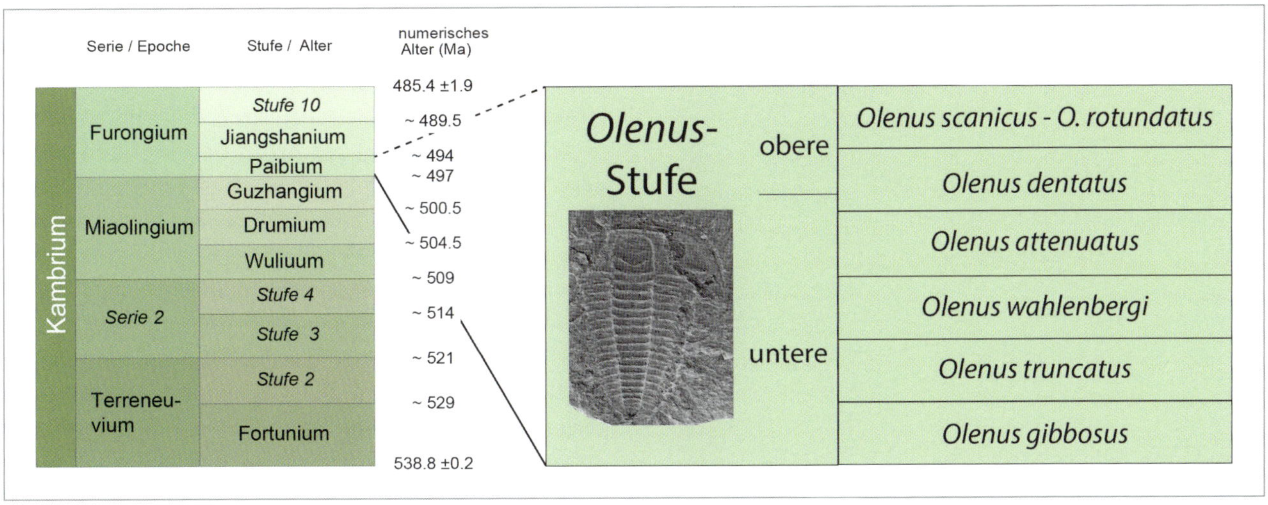

24: Skandinavische Gliederung des unteren Furongiums mit Arten der Trilobitengattung Olenus, eingehängt in die internationale chronostratigraphische Gliederung des Kambriums[11]. Aus Bornholm sind alle Leitarten der Olenus-Stufe belegt, mit Ausnahme der Arten der obersten Zone[22]. Trilobitenfoto: Arne Thorshøj Nielsen.

noch äußerst spannend. Die kambrischen Fossilien liegen in karbonatischer Gesteinsmatrix in Anthrakoniterhaltung vor. Damit bezeichnet man einen grobkristallinen, durch organisches Material schwärzlich gefärbten, bituminösen Kalkstein[2].

Die Klasse der Trilobiten erreichte während des Paläozoikums eine bemerkenswerte Vielfalt und Verbreitung. Im Kambrium spielten sie eine herausragende Rolle als Leitfossilien und helfen bei der Korrelation geologischer Schichten. Leitfossilien können auf Artebene als Zonenfossilien genutzt werden. Auf Bornholm werden zudem mit Gattungen mehrere Zonen zu Trilobiten-Superzonen zusammengefasst (23).

Als überwiegend benthische Fossilien war die Verbreitung der Trilobiten im Kambrium nicht global. Es bildeten sich stattdessen Faunenprovinzen aus, d. h. Großregionen, die durch Trilobiten einer größeren systematischen Gruppe charakterisiert sind. Laurentia (Nordamerika) und Baltica, der Paläokontinent, zu dem Bornholm einst gehörte, ist beispielsweise Teil der sogenannten Olenelliden-Provinz im Unterkambrium[26]. Die namensgebende Gattung *Olenellus* ist nicht zu verwechseln mit der oberkambrischen Trilobitengattung *Olenus*. Letztere ist auf Bornholm nicht selten und kommt auch in Nordamerika, Laurentia und Asien vor.

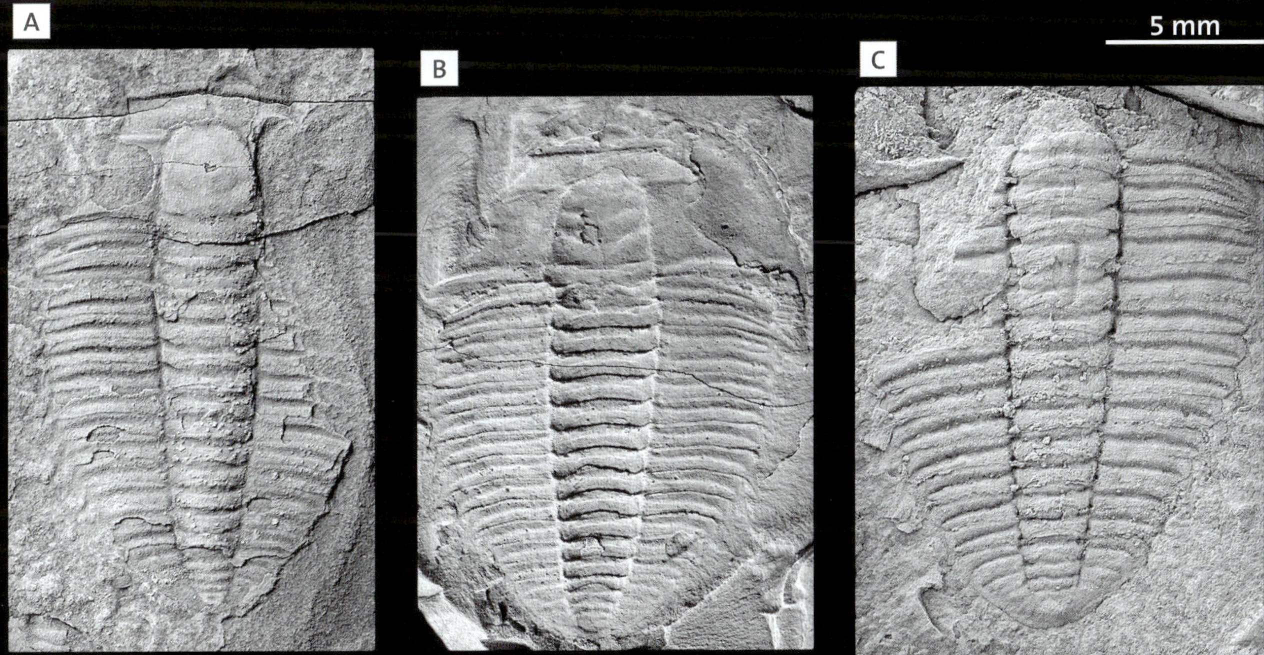

25. A, B: Die nahezu vollständigen Exemplare des Trilobiten Olenus truncatus (Brünnich, 1781) zeigen wie unterschiedlich Fossilien in der flachgepressten Erhaltung in Tonsteinen trotz Zugehörigkeit zur selben Art aussehen können. Aus dem oberen Kambrium (Furongium), Bachriss der Læså. C: Thorax und Pygidium von Olenus transversus Westergård, 1922, Stratigraphie und Fundort wie A & B. Alles Abbildungsoriginale zu Nielsen & Andersen[22]. Fotos: Arne Thorshøj Nielsen.

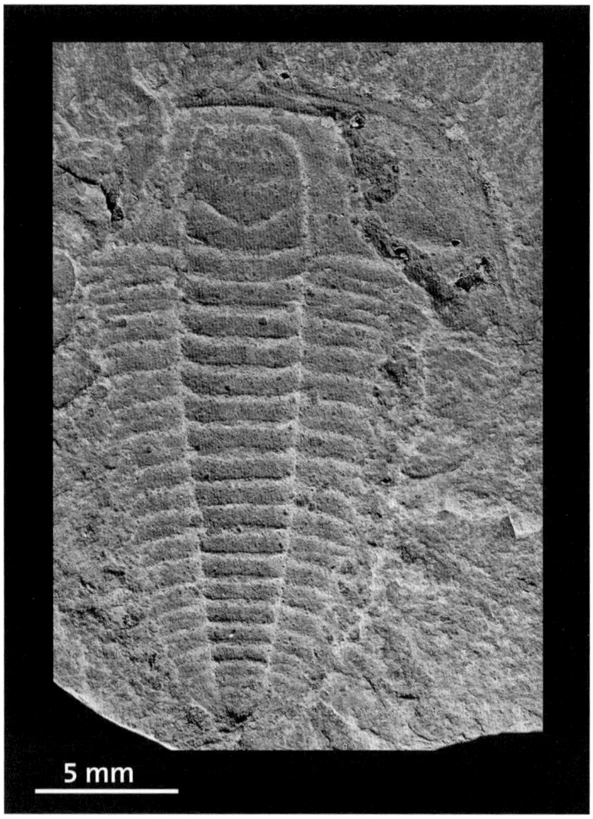

26: Fast vollständiges Exemplar des Trilobiten Olenus dentatus Westergard, 1922 aus dem oberen Kambrium (Furongium) des Aufschlusses durch den Bach Øleå. Abbildungsoriginal zu Nielsen & Andersen[22]. Foto: Arne Thorshøj Nielsen.

Trilobiten des Mittel- und Oberkambriums

Über die auf Bornholm nicht ganz so artenreich vorkommenden mittelkambrischen Trilobiten erschienen die ersten Arbeiten im 20. Jahrhundert[1,10]. Letztere wurden in jüngerer Zeit durch die Arbeiten des Trilobitenspezialisten Thomas Weidner und Koautoren ergänzt[34,35,36]. Dabei ergab sich so manche paläobiogeographische Überraschung. Die Trilobitenfauna des Drumiums, einer Stufe des Mittelkambriums (23), ähnelt Faunen aus England, Wales, dem östlichen Neufundland und Ostsibirien. Sie enthält mehrere Arten, die aus Baltica bisher nicht bekannt waren[35]. Damit zeigen sich Beziehungen zwischen dem damaligen Kontinent Baltica zum einstigen Mikrokontinent Avalonia[34,35]. Die mittelkambrischen Trilobiten liegen meist nur als Fragmente vor (22).

Im Gegensatz zu den mittelkambrischen Trilobiten wurden solche aus dem Alaunschiefer des Oberkambriums bereits im frühen 20. Jahrhundert monographisch aus Bornholm beschrieben[27]. Kürzlich erfuhren sie eine umfangreiche Revision[22]. Mit geringen Lücken sind alle oberkambrischen Trilobiten-Superzonen von Bornholm belegt (23). An der Basis des Furongiums im späten Oberkambrium sind, mit Ausnahme der Arten der obersten Oleniden-Zone, alle Leitarten der Olenus-Superzone nachgewiesen (24)[22]. Aus dieser Superzone liegen mit den namensgebenden Vertretern der Superzone sicher auch die meisten vollständigen Trilobitenfunde von Bornholm in flachgepresster Erhaltung vor (25, 26). Mehr oder weniger vollständige und halbwegs plastisch erhaltene Trilobiten begegnen uns dann erst wieder in der übernächsten Superzone, der Leptoplastus-Superzone, die immer noch zum unteren Furongium gehört (23, 27). Einschränkend muss jedoch gesagt werden, dass erst die Kombination mehrerer Fossilien die Morphologie von *Leptoplastus abnormis* vollständig erfasst. Die Abbildung (27) ist ein gutes Beispiel, dass man als Paläontologe oft erst aus verschiedenen Puzzlestücken zu einem schönen Gesamtbild gelangt. Als Beispiele aus dem mittleren Furongium bilden wir hier eine nach Bornholm benannte Art, *Eurycare bornholmensis,* ab (28). Sie wurde bereits im Jahr 1923 aufgestellt, jedoch auf der Basis eines unscheinbaren, nur 5 mm langen und 13 mm breiten Cranidiums[27]. Der abgebildete Neufund aus dem Bachriss der Læså ist dagegen vollständig. Die gute Erhaltung dieses Stücks ist auf die Anthrakonit-Erhaltung zurückzuführen.

Peltura – Trilobiten vom Ende des Kambriums

Aus dem späteren Oberkambrium ist die Peltura-Stufe (formal „Peltura-Superzone"[22]) mit über 20 verschiedenen Trilobitenarten belegt (29). Bislang lassen sich nicht alle Zonenfossilien auf Bornholm nachweisen. Vollständige Exemplare dieser Gattung sind sehr selten. Die Gesamtlänge der Bornholmer Funde beträgt in der Regel weniger als 2,5 cm (30). Im Gegensatz zu den meisten anderen Trilobiten war *Peltura* also relativ klein, im Vergleich zu Riesentrilobiten sogar winzig[9] (siehe auch FOSSILIEN 6/2024: 36–47). Seine geringe Größe stellt vermutlich eine Anpassung an eine ökologische Nische dar. Einige Merkmale des relativ stromlinienförmigen Körpers von *Peltura*, mit einem schmalen, länglichen Thorax, einer recht breiten Spindel und einem kurzen Pygidium, deutet darauf hin, dass sich die Vertreter der Gattung an das Wühlen oder das Leben in einem sauerstoffarmen Milieu auf dem Meeresboden angepasst hatten. Möglicherweise waren sie Detritusfresser, d. h. sie fraßen das organische Material, das auf dem Meeresboden lag bzw. auf sie her-

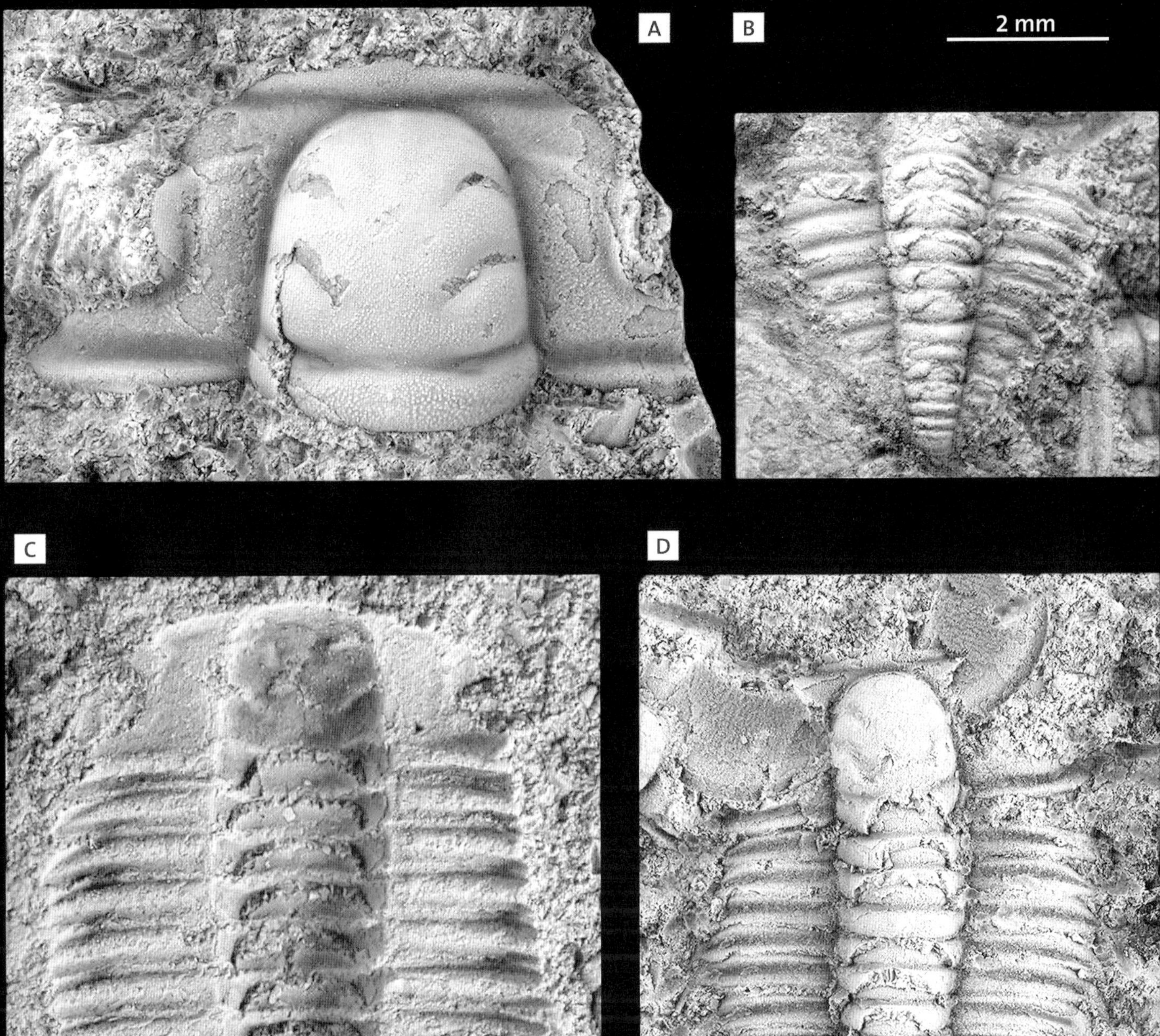

27. A, B: Cranidium (A), Pygidium (B) sowie fast vollständige Exemplare des Trilobiten Leptoplastus abnormis Westergård, 1944 (C, D) in Anthrakonit-Erhaltung. Aus dem oberen Kambrium (Furongium), Bachriss der Læså. Alles Abbildungsoriginale zu Nielsen & Andersen[22]. Fotos: Arne Thorshøj Nielsen.

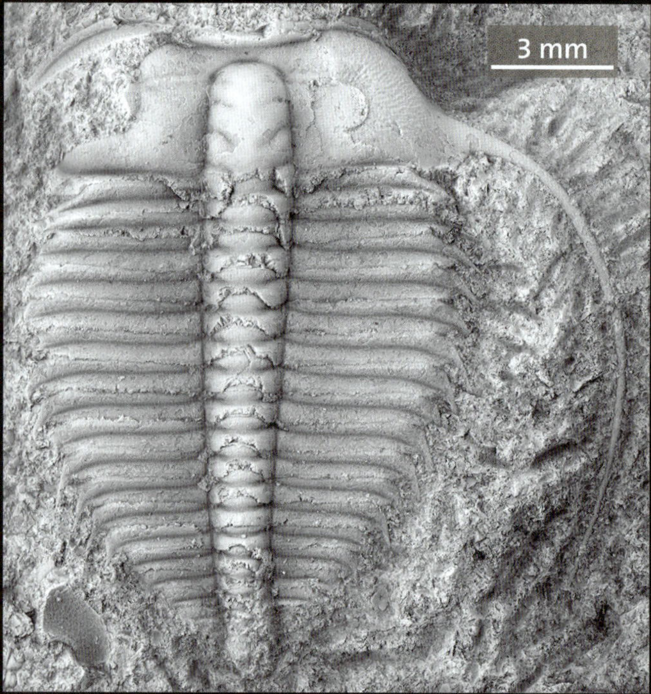

28: Fast kompletter Trilobit Eurycare bornholmensis in Anthrakonit-Erhaltung. Oberes Kambrium (Furongium), Bachriss der Læså. Abbildungsoriginal zu Nielsen & Andersen[22]. Foto: Arne Thorshøj Nielsen.

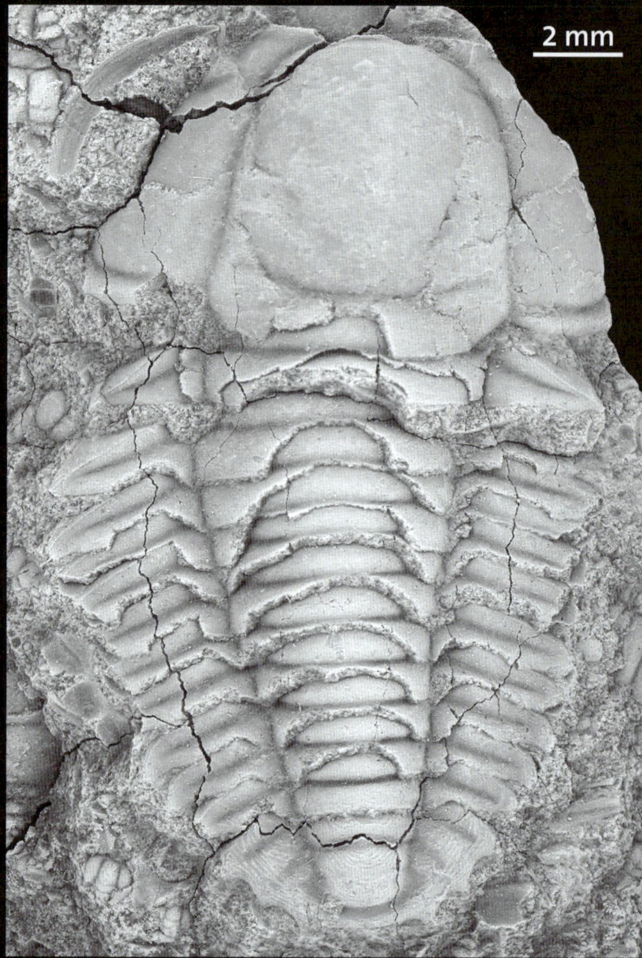

30: Der Trilobit Peltura scarabaeoides in nahezu vollständiger Erhaltung aus dem oberkambrischen Anthrakonit des Bachrisses der Læså bei Vasagård. Foto: Arne Thorshøj Nielsen.

abregnete. *Peltura* gehört aufgrund seines Vorkommens im jüngsten Kambrium zu einer der letzten überlebenden Trilobitengruppen vor dem großen Aussterbeereignis am Ende des Kambriums.

Dank: Dr. Arne Thorshøj Nielsen (Uppsala), Dr. Johannes Kalbe (Güstrow), Prof. Olaf Elicki (Freiberg), Prof. Jochen Kuss (Bremen) und Thomas Weidner (Juelsminde) stellten Fotos zur Verfügung.

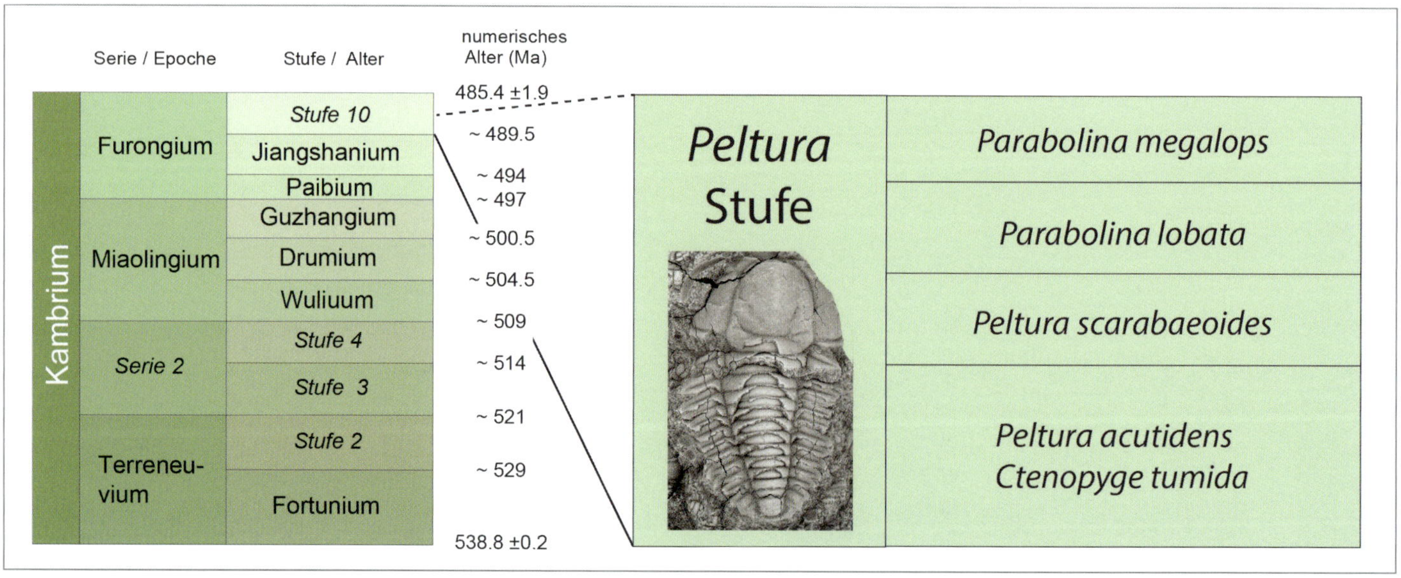

29: Skandinavische Gliederung des unteren Furongiums mit Arten der Trilobitengattung Peltura, eingehängt in die internationale chronostratigraphische Gliederung des Kambriums[11]. Aus Bornholm sind nur die Peltura-Arten der unteren beiden Zonen nachgewiesen[22]. Trilobitenfoto: Arne Thorshøj Nielsen.

Literatur zum Thema

[1] Berg-Madsen, V. (1985): A review of the Andrarum Limestone and the upper Alum Shale (Middle Cambrian) of Bornholm, Denmark. Bull. Geol. Soc. Denmark 34: 133–143.

[2] Berg-Madsen, V. (1989): Origin and usage of the geological terms orsten, stinkstone, and anthraconite. Arch. Nat. Hist. 16(2): 191–208.

[3] Butzbach, J. (2000): 1700 Millionen Jahre Bornholm. William Dams Boghandel, Rønne.

[4] Calner, M., P. Ahlberg, O. Lehner & M. Erlström (Hrsg.) (2023): The Lower Palaeozoic of southern Sweden and the Oslo Region, Norway. Field Guide for the 3rd Annual Meeting of the IGCP project 591. Sveriges Geologisca undersökning, Uppsala.

[5] Clemmensen, L. B. & G. Dam (1993): Aeolian sand-sheet deposits in the Lower Cambrian Neksø sandstone formation, bornholm, Denmark: sedimentary architecture and genesis. Sed. Geol. 83(1): 71–85.

[6] Engmann, B. (2012): *Skolithos* – faszinierende Lebensspuren eines unbekannten Erzeugers. Fossilien 29(4): 250–252.

[7] Etter, W. (1994): Palökologie: Eine methodische Einführung. Birkhäuser-Verlag, Basel.

[8] Gravesen, P. (1996): Geologisk set. Bornholm. En beskrivelse af områder af national geologisk interesse. Geografforlaget, Brenderup.

[9] Gutiérrez-Marco, J. C., A. A., Sá, D. C. García-Bellido, I. Rábano & M. Valério (2009): Giant trilobites and trilobite clusters from the Ordovician of Portugal. Geology 37(5): 443–446.

[10] Howell, B. F. & C. Poulsen (1933): A new Cambrian trilobite *Clarella grönwalli*, from Bornholm. Meddel. Dansk Geol. For. 8: 220–223.

[11] International Commission on Stratigraphy (2024): International Chronostratigraphic Chart , https://stratigraphy.org/chart, abgerufen am 16.01.2025.

[12] Jensen, A. (1977): Character and provenance of the opaque minerals in the Nexø sandstone, Bornholm. Bull. Geol. Soc. Denmark 26: 69–76.

[13] Kimura, H. & Y. Watanabe (2001): Oceanic anoxia at the Precambrian-Cambrian boundary. Geology 29(11): 995–998.

[14] Lehmann, J. (2023): Geschiebe-Fossilien. Per Eisfracht verschickt. Quelle & Meyer Verlag, Wiebelsheim.

[15] Lehmann, U. (1996): Paläontologisches Wörterbuch. Enke-Verlag, Stuttgart.

[16] Lindström, M. & H. Staude (1971): Beitrag zur Stratigraphie der unterkambrischen Sandsteine des südlichsten Skandinaviens. Geologica et Palaeontologica 5: 1–7.

[17] Mángano, M. G. & L. A. Buatois (2017): The Cambrian revolutions: Trace-fossil record, timing, links and geobiological impact. Earth-Sci. Rev. 173: 96–108.

[18] Moysiuk, J., M. R. Smith & J.-B. Caron (2017): Hyoliths are Palaeozoic lophophorates. Nature 541(7637): 394–397.

[19] Neuwald, H. K. (2007): Spurenfossilien im Balka-Sandstein. Fossilien 24(2): 69.

[20] Neuwald, H. K. (2008): Die „fossilen Wassermänner“ von Strøby. Fossilien 25(1): 11–12.

[21] Nielsen, A. T. (1998): Sauerstoffmangel, Faulschlamm und Trilobiten. Ein kambrischer Cocktail. Fossilien 15(1): 54–59.

[22] Nielsen, A. T. & L. F. Andersen (2021): Furongian (upper Cambrian) trilobites and agnostoids from the Alum Shale Formation of Bornholm, Denmark: revised taxonomy and biostratigraphy. Bull. Geol. Soc. Denmark 69: 123–213.

[23] Nielsen, A. T., M. Høyberget & P. Ahlberg (2020): The Furongian (upper Cambrian) Alum Shale of Scandinavia: revision of zonation. Lethaia 53(4): 462–485.

[24] Nielsen, A. T. & N. H. Schovsbo (2007): Cambrian to basal Ordovician lithostratigraphy in southern Scandinavia. Bull. Geol. Soc. Denmark 53: 47–92.

[25] Nielsen, A. T. & N. H. Schovsbo (2015): The regressive Early-Mid Cambrian 'Hawke Bay Event' in Baltoscandia: Epeirogenic uplift in concert with eustasy. Earth-Sci. Rev. 151: 288–350.

[26] Pillola, G. L. (1990): Lithologie et trilobites du Cambrien inférieur du SW de la Sardaigne (Italie): implications paléobiogéographiques. C. R. Acad. Sci. 310: 321–328.

[27] Poulsen, C. (1923): Bornholms Olenuslag og deres fauna. Danmarks geologiske Undersøgelse, II. Række 2(40): 1–83.

[28] Retallack, G. J. (2013): Ediacaran life on land. Nature 493(7430): 89–92.

[29] Retallack, G. J. (2016): Field and laboratory tests for recognition of Ediacaran paleosols. Gondw. Res. 36: 107–123.

[30] Schlirf, M. & A. Uchman (2005): Revision of the ichnogenus *Sabellarifex* Richter, 1921 and its relationship to *Skolithos* Haldeman, 1840 and *Polykladichnus* Fürsich, 1981. J. Syst. Palaeont. 3(2): 115–131.

[31] Schovsbo, N. H. (2001): Why barren intervals? A taphonomic case study of the Scandinavian Alum Shale and its faunas. Lethaia 34(4): 271–285.

[32] Seilacher, A. (1999): Biomat-related lifestyles in the Precambrian. Palaios 14(1): 86–93.

[33] Waggoner, B. M. (1995): Ediacaran lichens: A critique. Paleobiology 21(3): 39—397.

[34] Weidner, T. & J. O. R. Ebbestad (2018): *Anopolenus henrici* Salter, a middle Cambrian (Drumian) centropleurid trilobite from the Alum Shale Formation of Scandinavia. Bull. Geol. Soc. Denmark 66(1): 223–228.

[35] Weidner, T. & A. T. Nielsen (2014): A highly diverse trilobite fauna with Avalonian affinities from the Middle Cambrian Acidusus atavus Zone (Drumian Stage) of Bornholm, Denmark. J. Syst. Palaeont. 12(1): 23–92.

[36] Weidner, T. & A. T. Nielsen (2015): *Agraulos longicephalus* and *Proampyx? depressus* (Trilobita) from the Middle Cambrian of Bornholm, Denmark. Bull. Geol. Soc. Denmark 63(1): 1–11.

[37] Westacott, S., M. Zhao & L. G. Tarhan (2024): Extent and biogeochemical impact of *Skolithos* piperock in the lower Cambrian Zabriskie Quartzite (California, USA). Palaeogeogr., Palaeoclimatol., Palaeoecol. 651: 112381.

[38] Zamora, S., B. Deline, J. Javier Álvaro & I. A. Rahman (2017): The Cambrian Substrate Revolution and the early evolution of attachment in suspension-feeding echinoderms. Earth-Sci. Rev. 171: 478–491.

[39] Zhou, L., H. Friis, T. Yang & A. T. Nielsen (2017): Geochemical interpretation of the Precambrian basement and overlying Cambrian sandstone on Bornholm, Denmark: Implications for the weathering history. Lithos 286–287: 369–387.

Fotos, sofern nicht anders angegeben: Jens Lehmann.

1: Ein Lituites aus dem Ordovizium der Insel Öland, Schweden. Ähnliche Fossilien von Bornholm wurden vor vielen Jahrzehnten gefunden und sind weniger gut präpariert wie dieses Stück. Geowiss. Slg. Univ. Bremen, C7807.

Jens Lehmann

Das Ordovizium auf Bornholm – Artenvielfalt im Meer

Das mittlere und höhere Kambrium auf Bornholm ist durch die Alaunschiefer-Fazies gekennzeichnet, die sich bis ins frühe Ordovizium fortsetzt. Ihre Fossilien sind Zeugen von sauerstoffarmen Verhältnissen am Ozeanboden und relativ festlandsfern abgelagerten Schichten. Das änderte sich jedoch im mittleren Ordovizium und es wurden die ersten Kalkschlämme sedimentiert, verallgemeinernd auch als Orthocerenkalke bezeichnet und auf Bornholm Komstadkalk genannt. Sie enthalten dreidimensional erhaltene Makrofossilien, wie die namensgebenden langgestreckten Cephalopoden, Trilobiten und Brachiopoden (1).

Die Grenze vom Kambrium zum Ordovizium liegt innerhalb des oberen Teiles der Abfolge der Alaunschiefer-Fazies. Da sich letztere beim Erstellen einer geologischen Karte im Gelände nicht als sogenannte Kartiereinheit abgrenzen lassen, findet man als unterste Einheit des Ordoviziums die Komstadkalk-Formation auf der Übersichtskarte dargestellt (2). Den ordovizischen Anteil der Alaunschiefer-Fazies hat man aufgrund des früher *Dictyonema flabelliforme* genannten Graptolithen Dictyonemaschiefer genannt (3). Heute heißt der verästelte Graptolith zwar *Rhabdinopora flabelli-*

formis[7], aber der Name der Gesteinseinheit ist geblieben. Diese Graptolithen mit ihren baumartig verästelten Kolonien gehören zu den ältesten Vertretern der Gruppe. Die frühesten Graptolithen überhaupt stammen allerdings aus dem Mittelkambrium[18]. Nachdem der Dictyonemaschiefer abgelagert wurde, kam es zu einer Regression. Im Bereich des heutigen Bornholms wurde über einen langen Zeitraum nichts sedimentiert. Dieses Intervall stellt auch den Übergang zu lebensfreundlicheren Sauerstoffbedingungen im ordovizischen Ozean dar. Das Eisenmineral Glaukonit und Phosphoritkonkretionen sind Ausdruck einer Schichtlücke[32]. Unklar ist, ob der Bereich des heutigen Bornholms während der Sedimentationsunterbrechung Festland war oder ob hier Erosion unter mehr oder weniger flachmarinen Bedingungen stattgefunden hat. Auch wenn Bornholm später durch Krustenbewegungen emporgehoben wurde, erscheint es unwahrscheinlich, dass separate Hebungen des Bornholm-Gebiets stattgefunden haben und es über dem Meeresspiegel lag. Am ehesten dürfte die Überlieferungslücke daher auf fehlende marine Ablagerung über einen längeren Zeitraum zurückzuführen sein[32]. Ein überregionaler Faktor, der die Ausbildung der Schichtlücke zumindest begünstigt hat, dürfte das Glazial im Ordovizium sein, die „ordovizische Eiszeit“. Die Bildung von Eiskappen an den Polen führte zu einem globalen Meeresspiegelabfall. Zudem mag auch die beginnende Kollision zwischen den Urkontinenten Laurentia, Avalonia und Baltica eine Rolle gespielt haben[20](4), die schließlich zur Hebung der Region führte. Der Urkontinent Baltica driftete nach Norden. Auf seiner langen Reise drehte sich Baltica bezogen auf seine aktuelle Ausrichtung entgegen dem Uhrzeigersinn. Bevor sich der Urozean Iapetus durch die Annäherung von Baltica zu schließen begann, entstanden vulkanische Inselbögen im heutigen Westnorwegen. Deren Vulkanasche finden wir in den ordovizischen Schichten auf Bornholm.

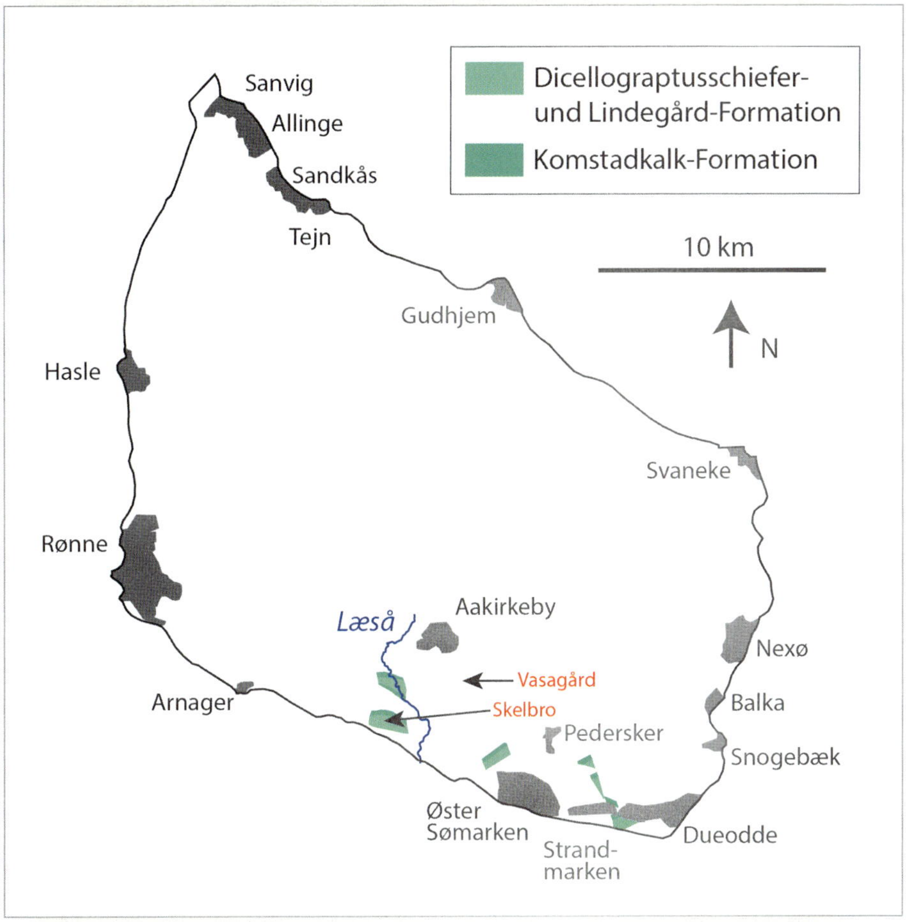

2: Karte der Verbreitung des Ordoviziums auf Bornholm und Lage wichtiger Lokalitäten. Eingezeichnet ist die Læså, wo die Schichtabfolge bei Vasegard die oberkambrischen Alaunschiefer, den Komstadkalk des mittleren Ordoviziums sowie die laminierten Tonsteine der Dicellograptusschiefer- und Lindegård-Formation des oberen Ordoviziums anstehen.

		Ungefähre Mächtigkeit
Ordovizium	Lindegård-Formation (Tretaspis- und Dalmanitinaschiefer)	<10? m
	Dicellograptusschiefer-Formation	10 m
	Schichtlücke	
	Komstadkalk-Formation (Skelbrokalk)	5 m
	Schichtlücke	
	Dictyonemaschiefer-Formation	28 m

3: Schichtserien des Ordoviziums auf Bornholm. Mächtigkeiten nach der Literatur[3,6,22], die genaue Mächtigkeit der Lindegård-Formation (früher auch als Tomarp- und Jerrestadschiefer bezeichnet) auf Bornholm ist unbekannt[21].

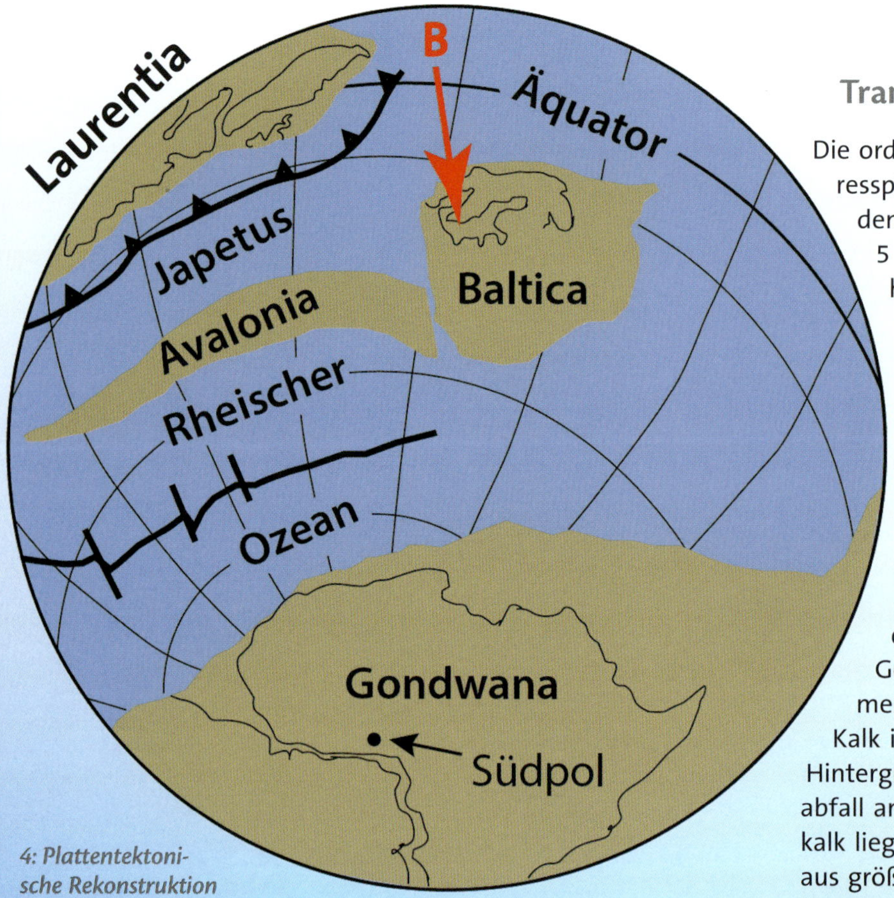

4: Plattentektonische Rekonstruktion für das mittlere Ordovizium, vor etwa 460 Millionen Jahren. Der Pfeil zeigt die Lage von Bornholm. Umgezeichnet[20].

Transgression und Kalkproduktion

Die ordovizische Abfolge ist durch deutliche Meeresspiegelschwankungen charakterisiert. Auf den Dictyonemaschiefer folgt der nur etwa 5 m mächtige Komstadkalk. Diese Einheit hieß früher Skelbrokalk, nach dem Skelbro Kalkbrud auf Bornholm (5). Sie gilt heute als Teil des Komstadkalks. Dieser Kalk ist namensgebend für eine eigene Formation, die von Bornholm bis ins südliche Schonen in Schweden verbreitet ist[8]. Die Typuslokalität Komstad liegt im östlichen Teil von Schonen. Dort wird dieses Gestein in einer Reihe kleiner Steinbrüche abgebaut[32]. Es handelt sich um einen Kalk, der reichlich Fossilschutt enthält. Solche Gesteine nennt man bioklastisch. Die Sedimentstrukturen deuten darauf hin, dass der Kalk in flacherem Wasser abgelagert wurde. Als Hintergrund ist ein überregionaler Meeresspiegelabfall anzunehmen, denn die unter dem Komstadkalk liegenden Tonsteine können als Ablagerungen aus größerer Wassertiefe interpretiert werden. Die Trilobitenfauna des Komstadkalks zeigt an, dass der Meeresspiegel auch während seiner Ablagerung deutlich schwankte. Zudem zeigen zentimeterdicke Tonsteinschichten zwischen einigen Kalksteinbän-

5: Hämmern erlaubt – zumindest im losen Material, welches im Steinbruch Skelbro reichlich herumliegt.

6: Glattschalige Trilobitenreste aus dem Schutt im Steinbruch Skelbro.

ken, dass es Zeiten gab, in denen die Wassertiefe wieder zunahm. Doch wurde der Kalk überhaupt an dem Ort gebildet, an dem man ihn heute findet? Vermutlich nicht, denn er dürfte auf Bornholm und in Südschweden nur den Schlammstrom repräsentieren, der von einer großen Karbonatplattform herunterfloss. Früher bezeichnete man solche allochthonen, also an einem fremden Ort entstandenen Kalke auch als allodapische Kalke[19,28]. Auslöser für den Transport könnten stärkere Meeresspiegelschwankungen oder Stürme gewesen sein, die den Kalkschlamm in das tiefere Becken beförderten[32]. Bohrkerne aus dem westlichen Teil von Schonen sowie aus dem Kattegat zeigen eine vollständig tonige Entwicklung der Abfolge, d. h. der Komstadkalk fehlt dort. Offenbar lagen diese Gebiete zu weit von der einstigen Karbonatplattform entfernt. Zu dieser Interpretation passt auch die Betrachtung der Sedimentationsrate. Sie ist mit etwa 1 mm pro 1000 Jahre sehr gering, was bedeutet, dass die zeitlichen Abstände zwischen den Kalkbänken deutlich länger gewesen sein müssen als die Zeit, die während der Ablagerung des Kalks selbst verstrich. Wie so oft in der Geologie steckt also die meiste Zeit nicht im Sediment, sondern in den Lücken zwischen den Gesteinspaketen[30].

Viele der erwähnten Schalenbruchstücke sind millimeter- bis zentimetergroße Reste von Trilobitenpanzern. Im Steinbruch Skelbro darf man Trilobiten suchen, auch wenn die heutigen Funde in der Regel nicht besonders spektakulär sind (6). Trilobitenreste sind häufig, vollständige Pygidien, Cephali sind seltener und ganze Trilobiten selten. Die Gesteinsfarbe variiert von hellgrau bis fast schwarz, was den abwechselnden Gehalt an Ton und organischem Material widerspiegelt. Der Kalk besteht zwar vorwiegend aus zerriebenen Tierresten, aber auch Kalkalgen dürften eine Rolle gespielt haben. Ein erheblicher Teil des Karbonats dürfte ursprünglich durch die Organismen in Form der Karbonatmodifikation Aragonit entstanden sein. Die Auflösung des instabilen Aragonits und darauffolgende Ausfällung von stabilem Kalzit hat die Zementation des Kalks gefördert. Eine interne Schichtung fehlt aufgrund der Bioturbation des Kalkschlammes am ehemaligen Meeresboden. Die Obergrenzen der Bänke zeigen kleine Vertiefungen die auf Kalklösung zurückgehen, was bei kalten, karbonatuntersättigten Bedingungen in größeren Meerestiefen geschehen kann. Diese Erklärung erscheint plausibel, doch könnte man alternativ für den Bereich von Bornholm während langer Abschnitte des Ordoviziums von Ozeanversauerung ausgehen, die zu Kalklösung und einer geringeren Mächtigkeit der Kalkablagerungen führte[3], wobei eine örtlich begrenzte Ozeanversauerung unlogisch erscheint. Klar ist zumindest, dass es große Schichtlücken in der Abfolge gibt. Der Wechsel zwischen dünnen kalkigen und mächtigen tonigen Abschnitten ist ebenfalls ein Indiz.

Dass es auch Sedimentationsunterbrechungen gab, ist durch von Organismen angebohrte Schichtoberflächen nachgewiesen. Der Kalk enthält zudem häufig Pyrit und Phosphorit. Letzteres Mineralgemenge findet sich vor allem an der Basis der Formation und weist auf eine geringe Sedimentationsrate besonders in diesem Schichtabschnitt hin. Der Pyrit wiederum ist ein Hinweis auf eine höhere Anreicherung von organischem Material in größerer Wassertiefe aufgrund des absinkenden Sauerstoffgehalts. Der Sauerstoffgehalt muss jedoch für einige Sedimentwühler hoch genug gewesen sein, dass Organismen das organische Material und Karbonat durchmischten und sich der Kalkschlamm zumindest partiell schwärzlich färbte (6). Die unteren etwa 40 cm der Kalksteinabfolge enthalten zudem aufgearbeiteten Tonstein der darunter liegenden Dictyonemaschiefer-Formation. Diese Basisbank führt kleinwüchsige Trilobiten der Gattung *Cyclopyge*[32]. Die darüber folgenden Kalkbänke enthalten häufiger Trilobiten der Gattungen *Symphysurus*, *Nileus* und *Megistaspis*, laut einer Hinweistafel im Steinbruch außerdem die relativ kleinwüchsige Gattung *Ampyx*. In diesem Lehrsteinbruch ist es nicht erlaubt, im anstehenden Gestein zu hämmern (7). Trotz der Häufigkeit der Trilobiten sind die auffälligsten Fossilien in der Komstadkalk-Formation die mitunter sehr großen Cephalopoden.

Langgestreckte Cephalopoden

Der Komstadkalk enthält als typische Fossilien langgestreckte (orthocone) Cephalopoden. Landläufig werden solche Fossilien meist als Nautiliden bezeichnet, da sie wie der heutige *Nautilus* konkav gewölbte Kammerscheidewände haben. Spezialisten für diese Gruppe, wie der Bochumer Paläontologe Alexander Pohle, möchten jedoch den Begriff Nautiliden für die paläozoischen Cephalopoden dieses Bautyps nicht anwenden. Dies ergibt in der Tat weder morphologisch noch stammesgeschichtlich einen Sinn. Hinter dieser Auffassung steckt die etwas provokante These, dass die stammesgeschichtlichen Unterschiede zwischen dem modernen *Nautilus* und Ammonoideen nicht größer sind als diejenigen zwischen *Nautilus* und den paläozoischen Cephalopoden. Eine Reihe der paläozoischen Cephalopoden gehören zur Stammgruppe der Cephalopoden, aber manche sind vermutlich näher mit den modernen Tintenfischen (Coleoideen) und Ammonoideen verwandt (z.B. die Orthoceratoidea). Aus diesem Grund macht es mehr Sinn, entweder die Gruppe direkt zu benennen (z.B. Orthoceratoidea) oder neutraler von „paläozoischen" oder „frühen" Cephalopoden zu sprechen[23].

B

A

Die Grundgestalt langgestreckter Cephalopodengehäuse kommt vom Ordovizium bis in den frühen Jura vor, mit Größen von wenigen Zentimetern bis über 2 Metern Länge[12]. Traditionell werden solche langgezogenen, glattschaligen Formen oftmals zur Gattung *Orthoceras* gestellt[14]. Orthocone Cephalopoden entstanden aber, trotz der einfachen Grundform, mehrfach in der Evolutionsgeschichte. Der Gattungsbegriff wurde jedoch von jeher als Sammeltopf missbraucht und pauschal wurden vielfach langgestreckte Gehäuse aus diesem geologischen Zeitraum als „*Orthoceras*“ klassifiziert. Tatsächlich gehören die meisten davon anderen Gattungen und oft sogar anderen Ordnungen an. Dies missachtet, dass *Orthoceras* eine sehr spezifische Gattung ist, die nur im oberen Mittelordovizium (Darriwilium) Nordeuropas, der Ostseeregion und den europäischen Teilen Russland vorkommt, also auf den Schelfen des geologischen Kontinents Baltica.

Eines der gattungstypischen Merkmale von *Orthoceras* im engeren Sinn sind Längsfurchen in der Wohnkammer des erwachsenen Tieres. Das ist bei einigen der Exemplare im Bornholms Museum in der Inselhauptstadt Rønne zu erkennen. Dort werden eine ganze Reihe von langgestreckten frühen Cephalopoden aufbewahrt, die vor langer Zeit beim Kalkabbau auf der Insel gefunden wurden (8). Im Steinbruch Skelbro kann man solche Cephalopoden auf den inzwischen stark angewitterten Schichtflächen des ehemaligen Abbaus entdecken (9, 10). Eine gelegentlich zu hörende Aussage, diese Funde seien von Sammlern beschädigt worden, ist falsch. Man sieht keinerlei herausgeschlagene Teile dieser Fossilien, sondern manche Cephalopoden liegen direkt auf der Grenzfläche zu tonig-mergeligen Zwischenschichten. Die Oberseiten lagen also in weicherem Material und sind so nicht ganz erhalten geblieben. Andererseits sind sie seit vielen Jahrzehnten der Ver-

8: Sammlung diverser orthoconer Cephalopoden aus dem Komstadkalk in der Sammlung des Bornholms Museum in Rønne. Foto: Marianne Falbe Nattestad.

7A: Anstehender Komstadkalk im Steinbruch Skelbro. Der Hammer dient als Maßstab. B: Eine Hinweistafel auf Dänisch weist auf das Klopfverbot im Anstehenden hin. Fotos: Jens Lehmann.

9: *Durch die Verwitterung treten hier die Septenränder dieses Orthoceraten besonders hervor. Foto: Olaf Elicki.*

witterung ausgesetzt und wurden dadurch oberflächlich angegriffen. Durch diese spezielle Erhaltung kann man im „Freilichtmuseum" in Skelbro jedoch mitunter schön die Kammerung erkennen, da die Verwitterung den Bereich um die Kammern herausmodelliert hat. Diese hat so ein positives Relief erhalten (9). Bei anderen Exemplaren mögen noch Teile der Wohnkammer erhalten sein, bei günstigem Anschnitt auch noch Bereiche des Siphonalapparats (10).

Neben gerade gestreckten Gehäusen finden sich auch Nautiliden, deren Anfangsteil gekrümmt bzw. teilweise spiralig aufgerollt sind (11, 12). Der Bischofsstab *Lituites lituus* (Modeer, 1796), sowie dessen Verwandter *Ancistroceras undulatum* (Boll, 1857), sind Beispiele hierfür. Viele dieser Gattungen sind bereits im 18. und 19. Jahrhundert beschrieben worden; moderne Revisionen liegen jedoch vor und erleichtern die Bestimmung[1,2]. Fossilien von *Lituites* sind begehrte Fossilien im Geschiebe Norddeutschlands, jedoch sind sie dort nur mit großem Glück zu finden[25]. Immer noch diskutiert wird die stammesgeschichtliche Stellung von *Lituites*. Früheren Hypothesen nach stammt diese Gruppe von der Ordnung Orthocerida ab[5], zu der auch das namensgebende *Orthoceras* gehört[24]. Möglicherweise haben sich diese Formen aber früher im Cephalopoden-Stammbau abgespalten, genauer von der Ordnung der Dissidocerida[24]. *Lituites* ist aber noch aus anderen Gründen eine spannende Gattung. Am Anfang der Cephalopoden-Evolution im Ordovizium dominierten eng aufgerollte Gehäuse. Dies kann man funktionell und ökologisch interpretieren. Ein Gehäuse mit einer offen aufgewundenen Schale führt zu einer instabilen, ruckartigen Schwimmweise[10]. Die Fortbewegung kleiner, juveniler Cephalopoden wäre daher viel instabiler gewesen als bei großen, erwachsenen Kopffüßern, da sie im Wasser einen viel höheren Widerstand erfahren würden. Die Fortbewegung bei einem eng aufgerollten Gehäuse ist deutlich besser. Die große Zahl eng aufgerollter Cephalopoden im Ordovizium mag als Selektionsvorteil genau diesen Hintergrund gehabt haben[15]. Innerhalb der kleinsten Cephalopoden aus dieser Zeit haben viele aufgerollte Schalen. In der Gruppe der Lituiten, die einen hohen Anteil aufgerollter Kopffüßer umfassen, sind nur die frühesten Windungen aufgerollt. Möglicherweise waren daher Mobilität und mechanische Festigkeit vorteilhaft, vielleicht als Reaktion auf schalenknackende Räuber. Doch welche Räuber kommen dafür in Frage? Tatsächlich sind die Cephalopoden selbst die einzigen nektonischen Räuber des Ordoviziums[13,15].

Kaltwasserkalk – heute unbekannt

Die Komstadkalk-Formation enthält neben den Trilobiten und den langgestreckten Cephalopoden auch Brachiopoden. Die gesamte Faunenassoziation stammt nach zusammenfassender dänischer

Literatur aus dem höheren Unterordovizium bis möglicherweise untersten Mittelordovizium[32]. Hier besteht aus meiner Sicht jedoch noch Forschungsbedarf, denn wie oben erwähnt, kommt der im Komstadkalk Bornholms gefundene *Orthoceras* selbst nur im oberen Mittelordovizium (Darriwilium) vor. Die genaue stratigraphische Position der Altfunde aus der Komstadkalk-Formation in Bornholms Museum wird aber unbekannt bleiben, da sie vor vielen Jahrzehnten gefunden wurden. Aufgrund der fehlenden Dokumentation dürfte eine Klärung sehr schwer werden.

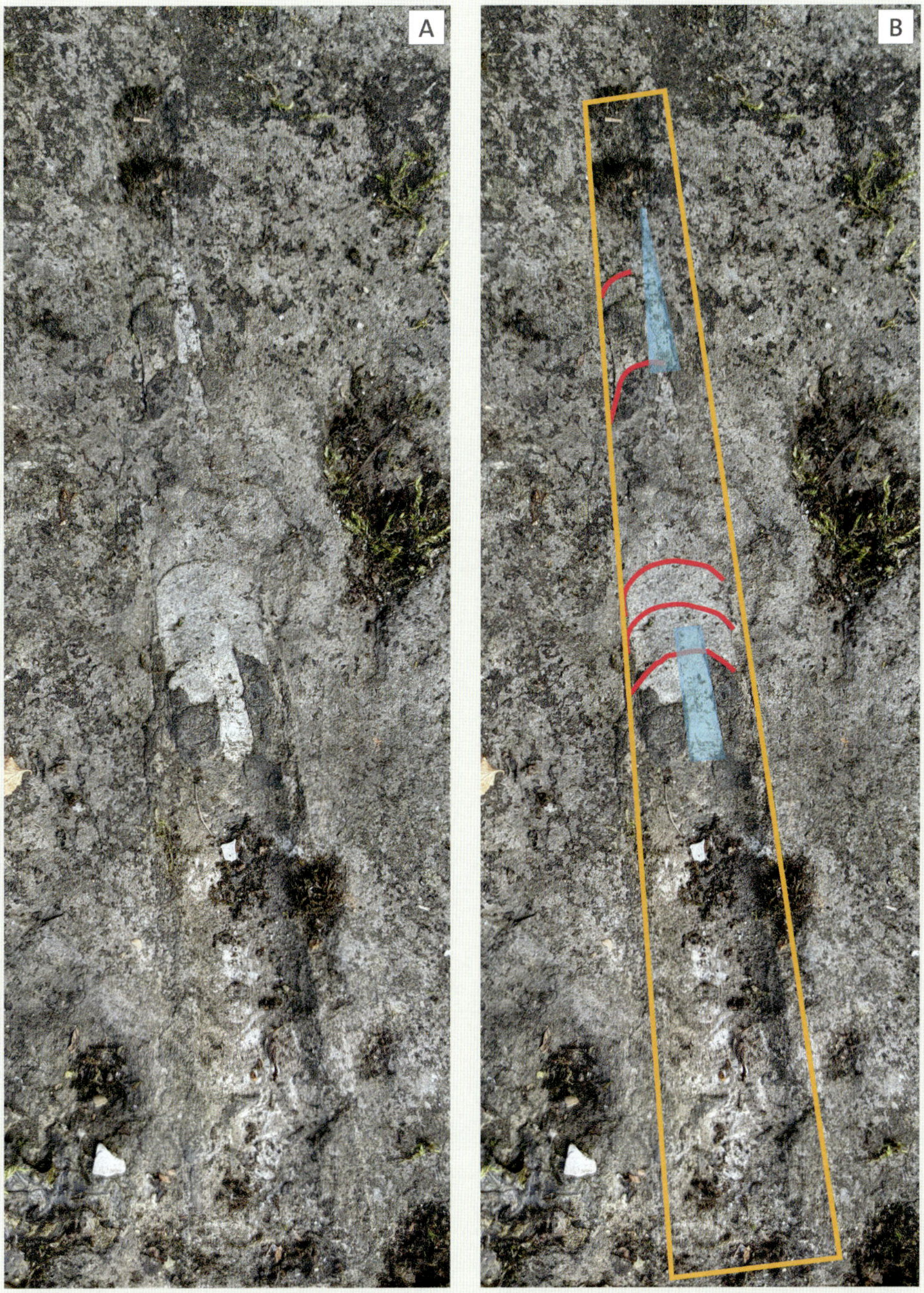

10: Verwitterte Schichtfläche im Komstadkalk des Steinbruchs Skelbro mit einem Orthoceraten. A: Originalfoto. B: Der Umriss des Orthoceraten ist in Gelb hervorgehoben, die Septen sind in Magenta dargestellt, in blau eingefärbt ist der sparitisch verfüllte Anteil des Siphos. Foto: Dierk Hebbeln.

Ein Teil der stratigraphischen Unsicherheit mag jedoch auch einen anderen Hintergrund haben. Früher gab es Diskussionen über die Grenzziehung zwischen dem unteren und dem mittleren Ordovizium, doch inzwischen sind die Grenzen in diesem System durch „goldene Nägel" (golden spikes) international festgezurrt worden[9]. Die Komstadkalk-Formation ist nur auf Bornholm mit den erwähnten 5 m geringmächtig. In Mittelschweden und auf Öland sind die Abfolgen mächtiger und decken zudem eine deutlich längere Zeitspanne ab. In Västergötland beispielsweise werden Mächtigkeiten von bis zu 50 m erreicht[32], stratigraphisch reicht der Kalk dort bis in höhere Darriwilium[17,33]. Einige Abschnitte der Flachwasser repräsentierenden Komstadkalk-Formation in Schweden sind also auf Bornholm nicht abgelagert worden und fallen somit in eine Schichtlücke, oder sie werden durch Tone repräsentiert, die Ablagerungen tieferer Meeresbereiche sind.

Die Komstadkalk-Formation bildet auf Bornholm einen der westlichsten Ausläufer der zentralbaltischen Orthoceraten-Kalke, die oft auch als Geschiebe in Norddeutschland und angrenzenden Regionen gefunden werden[16]. Obwohl es sich um eine relativ reichhaltige Lebewelt an marinen Invertebraten handelt, die aus dem Komstadkalk bekannt ist, war das Meerwasser vermutlich kalt, da sich Baltica im frühen Ordovizium noch in hohen südlichen Breiten befand[4]. Für die Ablagerung solch großer Mengen an Kaltwasserkalk gibt es keine modernes Vergleichsbeispiel.

11: Ein „Bischofsstab", der langgestreckte Cephalopode Lituites lituus aus dem Komstadkalk mit eingerollter Anfangsspirale. Sammlung des Bornholms Museum in Rønne. Foto: Marianne Falbe Nattestad.

12: Ein Verwandter des „Bischofsstabs", Ancistroceras undulatum aus dem Komstadkalk, mit deutlich voluminöserer Wohnkammer als Lituites lituus. Sammlung des Bornholms Museum in Rønne. Foto: Marianne Falbe Nattestad.

Noch mehr „Schiefer"

An der Grenze vom Komstadkalk zum Dicellograptusschiefer (13) ist auf Bornholm eine ausgeprägte Schichtlücke vorhanden. Ihre Dauer wird mit gut 10 Millionen Jahren angegeben[32]. Die auf Bornholm fehlenden Schichten sind in Schonen und im Untergrund unter dem Kattegat nachgewiesen worden. Dabei handelt es sich um dunkle Graptolithenschiefer, die oberen Didymograptusschiefer und den unteren Teil des Dicellograptusschiefers (heute unter dem Namen Almelundschiefer zusammengefasst). Auf Bornholm setzte die Transgression jedoch erst nach der erwähnten 10 Millionen Jahre-Lücke ein. Auf den Komstadkalk folgen insgesamt 200 m Tonsteine, die stratigraphisch vom oberen Ordovizium bis in das Silur reichen. Der Graptolith *Dicellograptus* (14) ist namensgebend für die Dicellograptusschiefer, die etwa 20 m mächtig sind. Der untere Teil wurde auf Bornholm nicht abgelagert, wie erwähnt, ist dieser Abschnitt aber aus Schonen bekannt[32].

Der Dicellograptusschiefer auf Bornholm hat eine hellere Farbe als das Gestein der älteren Alaunschiefer-Fazies (15), was auf einen geringeren Gehalt an organischem Material und Pyrit hinweist. Offenbar waren die Sauerstoffverhältnisse am Meeresboden deutlich günstiger für höhere Organismen. Dennoch wird der Fossiliengehalt in diesen Tonsteinen von den planktisch lebenden Graptolithen dominiert (16, 17), und nur kurzzeitig entwickelten sich benthische Lebensgemeinschaften. Beispiele dafür sind Assoziationen mit dem Brachiopoden *Paterula* (18). Zumindest zeitweise waren also die Sauerstoffgehalte sehr lebensfeindlich, auch wenn dem Gestein oft die Feinschichtung fehlt, die Anzeiger einer Sauerstoffuntersättigung ist. Damit darf man die einstige Wassertiefe mit einer Position deutlich unterhalb der Sturmwellenbasis annehmen. Bestens aufgeschlossen sind diese Schichten entlang des Bachs Læså an der Vasagardsgadebrücke, wo auch ein kleiner geologischer Informationspunkt eingerichtet wurde (19).

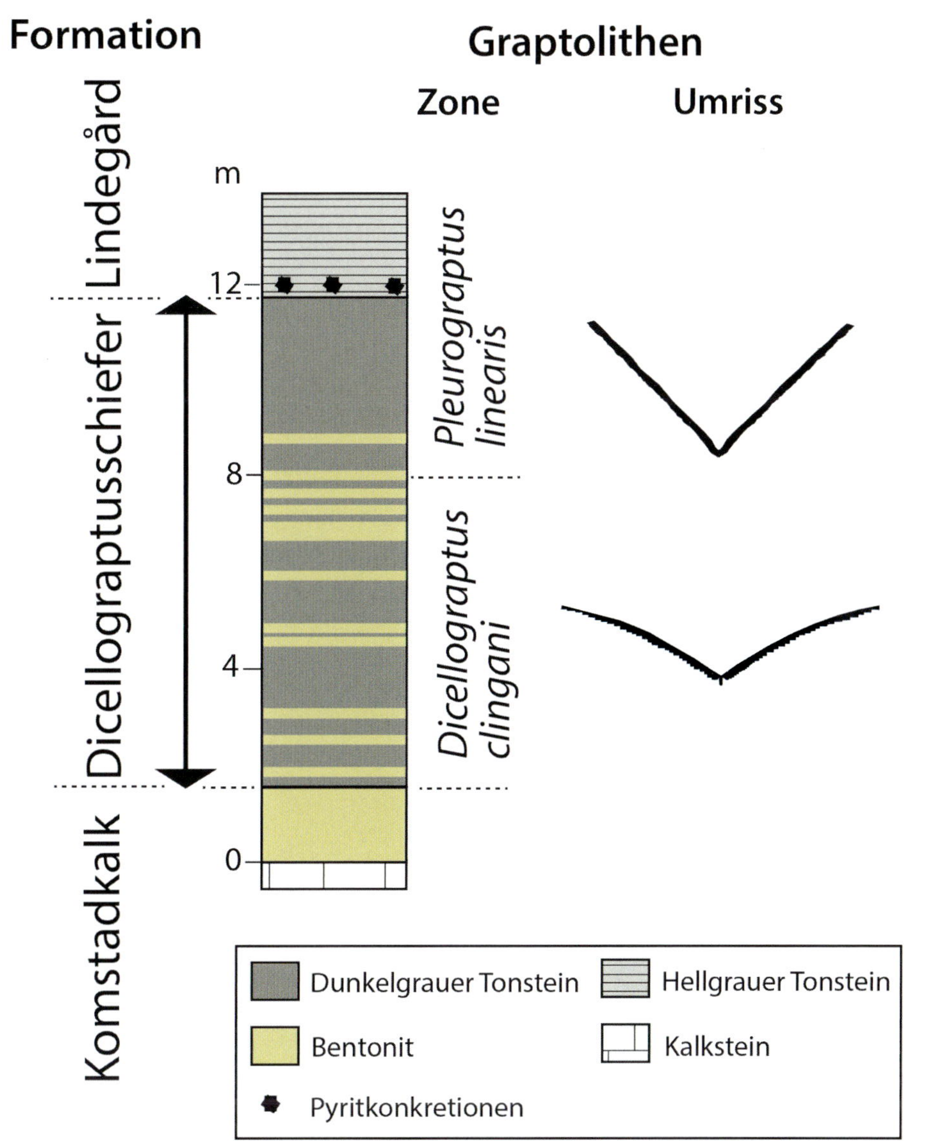

13: Die Dicellograptusschiefer-Formation an der Fundstelle Vasagård und Zeichnung der Leitgraptolithen dieses Profils. Profilsäule verändert nach Kiipli et al. (2009)[11], Graptolithenumrisse u. a. nach Toghill (1970)[31].

Über dem Dicellograptusschiefer folgen die Tretaspis- und Dalmanitinaschiefer. Die beiden Gesteine sind nach Trilobiten benannt. Heutzutage wird der Dicellograptusschiefer als Dicellograptusschiefer-Formation abgegrenzt. Die beiden nach Trilobiten benannten Abschnitte gehören formal zur Lindegård-Formation (früher auch Tomarp- und Jerrestad-Tonstein)[29]. Während eines besonders trockenen Sommers in den späten 1960er Jahren konnte aus dem Tretaspisschiefer am Fluss Øleå eine kleine Trilobitenfauna geborgen werden[26]. Die Arten *Trinodus tardus* (Barrande), *Opsimasaphus jaanussoni* Kielan, *Microparia speciosa* Hawle & Corda, *Zbirovia longifrons* (Olin), *Zdicella* cf. *bornholmiensis* Kielan und *Liocnemis recurvus* (Linnarsson) wurden dort nachgewiesen. Von der Leitform *Tretaspis granulata* (Wahlenberg) waren jedoch nur Fragmente zu finden. Diese ordovizischen Tonsteine ähneln denen der Alaunschiefer-Fazies, sind aber generell etwas weniger reich an organischem Material. Nach oben zu werden sie zunehmend heller und weniger organisch-reich. Der Sauerstoffgehalt dürfte höher gewesen sein, worauf auch die mitunter reiche Trilobitenfauna und teilweise Bioturbation hinweist. Der Übergang von Graptoliten- zu Trilobiten-dominierten Gesteinen dürfte auch auf die regressiven Tendenzen infolge der ordovizischen Kaltzeit[27] zurückzuführen sein[3].

Bentonite – intensive Vulkantätigkeit

Die Grenze zur spätordovizischen Lindegård-Formation liegt etwa 3 m über der obersten tonigen Bentonitlage des Dicellograptusschiefer im Profil Vasagård, wo diese Schichten sehr gut aufgeschlossen sind[11] (13). Solche hellen Bentonitlagen sind im gesamten Dicellograptusschiefer eingeschaltet und bis zu 10 cm dick. Doch was ist eigentlich ein Bentonit? Geochemische Studien haben gezeigt, dass es sich hierbei um Tonlagen handelt, die aus verwitterter vulkanischer Asche bestehen. Es handelt sich also um Vulkanasche der anfangs erwähnten Inselbögen im heutigen Norwegen. Auch rund um Oslo, im schwedischen Schonen und in Estland kommen im Grenzbereich Ordovizium/Silur Bentonite vor. Sie sind daher als Anzeiger einer ausgeprägten vulkanischen Tätigkeit in diesem Zeitabschnitt zu werten, wobei das genaue Herkunftsgebiet des vulkanischen Materials noch unbekannt ist.

15: Dicellograptusschiefer mit gelben Bentonitlagen etwa ⅓ unter dem Top des Bildausschnittes. Læsâ von Vasegård. Foto: Jens Galsgaard, https://commons.wikimedia.org/wiki/File:Dicellograptus-Tretaspis_Vasegaard.jpg, Creative Commons Attribution-Share Alike 4.0. Internationale Lizenz.

14: Ein Graptolith, wahrscheinlich Dicellograptus, aus einem losen Geröll in der Region um Sose. Slg. & Foto: Marianne Falbe Nattestad.

16: Rhabdosom des Graptolithen Climacograptus vom Aufschluss an der Vasagardsgadebrücke. Dicellograptusschiefer-Formation des oberen Ordoviziums. Foto: Axel Reichert.

17: Graptolithen, Diplogratus moletus, aus der Dicellograptusschiefer-/Lindegård-Formation des Ordoviziums aus dem Bereich der Sose-Bucht. Die farbliche Umrandung markiert den Brachiopoden Paterula portlocki. Foto: Olaf Elicki.

18: Der Brachiopode Paterula portlocki als Detailaufnahme. Dicellograptusschiefer-Formation des oberen Ordoviziums. Bachriss der Læså an der Vasagardsgadebrücke. Foto: Axel Reichert.

Dank: Prof. Dr. Dierk Hebbeln (Bremen), Marianne Falbe Nattestad (Muleby, Bornholm) , Prof. Olaf Elicki (Freiberg) sowie Axel Reichert (Bad Oldesloe) stellten Fotos zur Verfügung. Björn Kröger (Helsinki) und Alexander Pohle (Bochum) danke ich für wertvolle Hinweise.

Literatur zum Thema

[1] Aubrechtová, M. & D. Korn (2022): Taxonomy and ontogeny of the Lituitida (Cephalopoda) from Orthoceratite Limestone erratics (Middle Ordovician). Europ. J. Tax. 799(1): 1–108.

[2] Aubrechtová, M. & T. Meidla (2020): Lituitid cephalopods from the upper Darriwilian and basal Sandbian (Middle–Upper Ordovician) of Estonia. GFF 142(4): 267–296.

[3] Butzbach, J. (2000): 1700 Millionen Jahre Bornholm. William Dams Boghandel, Rønne.

[4] Cocks, L. R. M. & T. H. Torsvik (2021): Ordovician palaeogeography and climate change. Gondwana Res. 100: 53–72.

[5] Dzik, J. (1984): Phylogeny of the Nautiloidea. Palaeont. Polon. 45: 3–203.

[6] Gravesen, P. (1996): Geologisk set. Bornholm. En beskrivelse af områder af national geologisk interesse. Geografforlaget, Brenderup.

[7] Hade, S. & A. Soesoo (2014): Estonian graptolite argillites revisited: A futue resource? Oil Shale 31(1): 4–18.

[8] Häggström, T. & B. Schmitz (2007): Distribution of extraterrestrial chromite in Middle Ordovician Komstad Limestone in the Killeröd Quarry, southern Sweden. Bull. Geol. Soc. Denmark 55: 37–58.

[9] International Commission on Stratigraphy (2024): International Chronostratigraphic Chart, https://stratigraphy.org/chart, abgerufen am 16.01.2025.

[10] Jacobs, D. K. & J. A. J. Chamberlain (1996): Buoyancy and hydrodynamics in ammonoids. In: Landman, N.H., et al. (Hrsg.): Ammonoid Paleobiology, S. 169–224. Topics in Geobiology 13. Plenum-Verlag, New York.

[11] Kiipli, T., T. Kallaste, A. Kleesment & A. T. Nielsen (2009): Corroded hydrothermal quartz in Ordovician altered volcanic ash beds of the Baltoscandian Region. Eston. J. Earth Sc. 58(4): 268–272.

19: Geotouristischer Informationspunkt. Bank mit Hinweis auf den Aufschluss an der Læså bei der Vasagardsgadebrücke in der Graptolithenschiefer-Formation des oberen Ordoviziums. Foto: Axel Reichert.

[12]Klug, C., K. De Baets, B. Kröger, M. A. Bell, D. Korn & J. L. Payne (2015): Normal giants? Temporal and latitudinal shifts of Palaeozoic marine invertebrate gigantism and global change. Lethaia: 267–288.

[13]Klug, C., B. Kröger, W. Kiessling, G. L. Mullins, T. Servais, J. Frýda, D. Korn & S. Turner (2010): The Devonian nekton revolution. Lethaia 43(4): 465–477.

[14]Kröger, B. (2004): Revision of Middle Ordovician orthoceratacean nautiloids from Baltoscandia. Acta Palaeont. Polon. 49(1): 57–74.

[15]Kröger, B. (2005): Adaptive evolution in Paleozoic coiled cephalopods. Palaeobiology 31(2): 253–268.

[16]Lehmann, J. (2023): Geschiebe-Fossilien. Per Eisfracht verschickt. Quelle & Meyer-Verlag, Wiebelsheim.

[17]Lindskog, A., M. E. Eriksson & A. M. L. Pettersson (2014): The Volkhov–Kunda transition and the base of the Holen Limestone at Kinnekulle, Västergötland, Sweden. Geol. För. Stockholm Förh. 136(1): 167–171.

[18]Maletz, J. (2014): The classification of the Pterobranchia (Cephalodiscida and Graptolithina). Bull. Geol. Soc. Denmark 89(3): 477–540.

[19]Meischner, K. D. (1964): Allodapische Kalke, Turbidite in riffnahen Sedimentations-Becken. In: Bouma, A. H. & A. Brouwer (Hrsg.): S. 156–191. Developments in Sedimentology 3. Elsevier-Verlag, Amsterdam.

[20]Nance, R. D., G. Gutiérrez-Alonso, J. D. Keppie, U. Linnemann, J. B. Murphy, C. Quesada, R. A. Strachan & N. H. Woodcock (2012): A brief history of the Rheic Ocean. Geosci. Frontiers 3(2): 125–135.

[21]Nielsen, A. T., P. Ahlberg, J. O. R. Ebbestad, Ø. Hammer, D. A. Taylor Harper, A. Lindskog, R. C. M. Ørum & S. Stouge (2023): The Ordovician of Scandinavia: a revised regional stage classification. In: Harper, D. A. T. et al. (Hrsg.): A Global Synthesis of the Ordovician System: Part 1, S. 267–315. Geological Society, London, Special Publications 532. London.

[22]Nielsen, A. T. & N. H. Schovsbo (2007): Cambrian to basal Ordovician lithostratigraphy in southern Scandinavia. Bull. Geol. Soc. Denmark 53: 47–92.

[23]Pohle, A., P. Jell & C. Klug (2024): Plectronoceratids (Cephalopoda) from the latest Cambrian at Black Mountain, Queensland, reveal complex three-dimensional siphuncle morphology, with major taxonomic implications. PeerJ 12: e17003.

[24]Pohle, A., B. Kröger, R. C. M. Warnock, A. H. King, D. H. Evans, M. Aubrechtová, M. Cichowolski, X. Fang & C. Klug (2022): Early cephalopod evolution clarified through Bayesian phylogenetic inference. BMC Biology 20(1): 88.

[25]Polkowsky, S. (2025): Ordovizische „Bischofsstäbe“ der Gattung *Lituites* aus norddeutschen Geschieben. Steinkern 59: 51–66.

[26]Poulsen, V. (1968): Tretaspis Shale at Øleå Bornholm. Medd. Dansk Geol. For. 18: 349–350.

[27]Rasmussen, C. M. Ø., C. V. Ullmann, K. G. Jakobsen, A. Lindskog, J. Hansen, T. Hansen, M. E. Eriksson, A. Dronov, R. Frei, C. Korte, A. T. Nielsen & D. A. T. Harper (2016): Onset of main Phanerozoic marine radiation sparked by emerging Mid Ordovician icehouse. Sci. Rep. 6: 18884.

[28]Schöllhorn, E. & F. Schlagintweit (1990): Allodapische Urgonkalke (Oberbarrême–Oberapt) aus der Unterkreide-Schichtfolge der Langbathzone (N. Kalkalpen, Oberösterreich). Jb. Geol. B.-A. 133(4): 635–651.

[29]Schovsbo, N. H., A. T. Nielsen, K. Klitten, A. Mathiesen & P. Rasmussen (2011): Shale gas investigations in Denmark: Lower Palaeozoic shales on Bornholm. Geol. Surv. Denm. Greenl. Bull. 23: 9–12.

[30]Smith, D. G., R. G. Bailey, P. M. Burgess & A. J. Fraser (2015): Strata and time: probing the gaps in our understanding. In: Smith, D. G. et al. (Hrsg.): Strata and Time: Probing the Gaps in Our Understanding, S. 1–10. Geological Society, London, Special Publications 404. London.

[31]Toghill, P. (1970): Highest Ordovician (Hartfell Shales) graptolite faunas from the Moffat area, south Scotland. Bull. British Mus. (Nat. Hist.) 19(1): 1–26.

[32]Vejbæk, O. (2006): Ørken og salthav. In: Larsen, G. (Hrsg.): Naturen i Danmark: Geologien, S. 125–138. Gyldendal-Verlag, Copenhagen.

[33]Wu, R.-C., M. Calner, O. Lehnert, A. Lindskog & M. Joachimski (2018): Conodont biostratigraphy and carbon isotope stratigraphy of the Middle Ordovician (Darriwilian) Komstad Limestone, southern Sweden. Geol. För. Stockholm Förh. 140(1): 44–54.

Jens Lehmann

1: Wasserfall in Graptolithenschiefern des Untersilurs bei Risegård.

Kohle, Korallen und Katastrophen: Silur bis Perm

Auch das Silur auf Bornholm besteht überwiegend aus dunklen Tonsteinen, die wir landläufig als Schiefer bezeichnen (1). Im Vergleich zum Ordovizium sind die Schiefer jedoch noch dominanter bezogen auf die Gesamtabfolge, und es sind nur sehr wenige dünne kalkige Zwischenlagen bzw. Konkretionen in die Abfolge eingeschaltet. Fossilien aus dem Silur von Bornholm sind daher fast immer flachgedrückt. Da das Silur nur aus zwei Formationen besteht, ist die Stratigraphie dieses Systems einfach nachvollziehbar (2). Ablagerungen des Devons bis Perms fehlen auf der Insel komplett.

Auf seiner Reise bewegte sich der Urkontinent Baltica im Silur weiter nach Norden. Am Ende des Silurs lag er dann nahe am Äquator. Während im Ordovizium der Iapetus zwischen Baltica und Laurentia immer weiter eingeengt wurde, kam es im Silur dann zur völligen Schließung dieses Ozeans durch die Kollision der Kontinente (3). Die tektonischen Kräfte waren jedoch so groß, dass sich nicht nur der Ozean schloss, sondern ein Gebirge entstand: das Kaledonische Gebirge. Das heutige Schweden und Norwegen lagen auf der südöstlichen Seite dieses Gebirges und gegenüberliegend bildeten das heutige östliche Grönland und Schottland die Gebirgszüge. Die Gebirgsbildung türmte kaum vorstellbare Massen an Gestein auf und sank daher ein, wobei das Vorlandbecken der Kaledo-

		Ungefähre Mächtigkeit
Silur	*Schichtlücke (gesamtes höheres Silur)*	
	Cyrtograptusschiefer-Formation	40 m
	Rastritesschiefer-Formation	78 m

2: Schichtserien des Silurs auf Bornholm. Mächtigkeiten nach der Literatur[4].

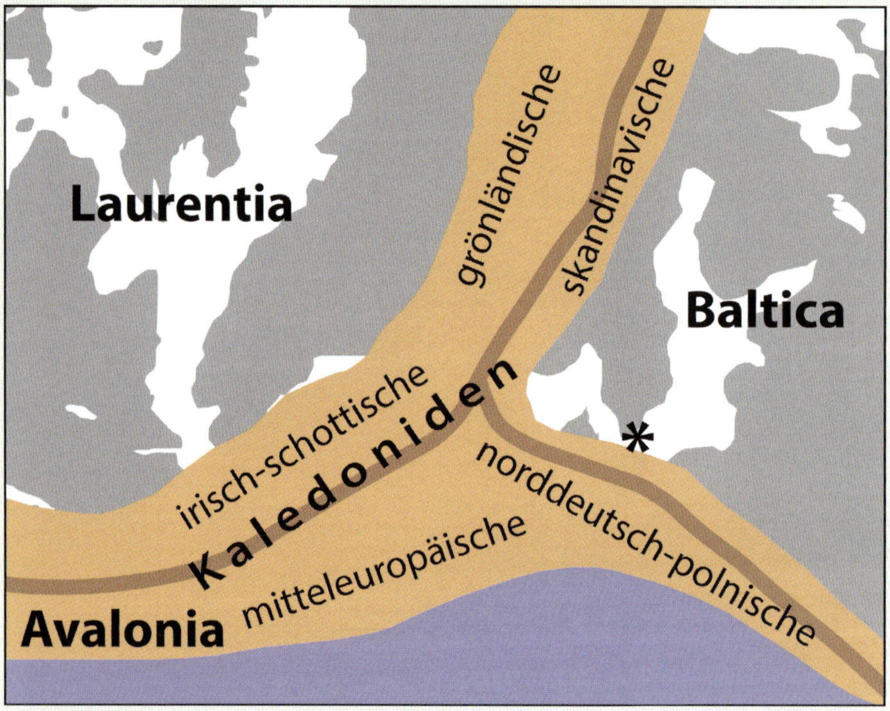

3: Lage der Kaledoniden im frühen Devon, einer Zeit, aus der von Bornholm keine Ablagerungen bekannt sind. Die braunen Flächen repräsentiert das Gebirge der Kaledoniden, die zentralen Linien die ehemalige Subduktionszone an der der Iapetus-Ozean verschwand. Die Kontinente/Super-Terranes sind in Fettschrift bezeichnet. Bornholm lag knapp außerhalb der Kaledoniden und ist durch einen Stern gekennzeichnet. Karte nach diverser Literatur[2,9,12,13,16].

niden entstand. An seinem Rand sammelten sich große Mengen Abtragungsschutt an; hierzu gehören auch die Graptolithenschiefer des Silurs von Bornholm. Erst im frühen Devon kamen diese übergeordneten plattentektonischen Prozesse zum Erliegen – aus den Kollisionsprozessen ist der Kontinent Laurentia hervorgegangen.

Nichts als Schiefer

Die silurischen Schichten auf Bornholm sind ein etwa 160 m mächtiges Paket aus dunkelgrauen Schiefern, unterbrochen von zahlreichen Siltlagen, die jeweils nur wenige Millimeter dick sind. Diese Schichten sind auf der Insel vor allem im Südosten aufgeschlossen (4). Weitere, unzugängliche Vorkommen liegen in der Ostsee vor der Südküste. An Fossilien finden sich vor allem Graptolithen, darüber hinaus selten Kopffüßer, Ostracoden und Muscheln. Bodenlebende Organismen sind im Fossilbestand des Silurs von Bornholm insgesamt in der Minderheit, sodass man von meist sehr sauerstoffarmen Bedingungen am Grund des Ozeans ausgehen muss. Vermutlich war die Wassertiefe sehr groß; man darf von mindestens mehreren hundert Metern ausgehen. Die beiden Graptolithen *Rastrites* (5) und *Cyrtograptus* (6) führten zur Unterteilung in die gleichbenannten Einheiten (2). Einerseits sind Graptolithen aber nicht so enorm häufig und zudem unterscheiden sich beide Formationen nicht durch ihren Mineralbestand oder andere Gesteinseigenschaften. Insgesamt jedoch nimmt der Gehalt am Glimmermineral Muskovit und auch des Tonminerals Chlorit im Verlauf der Ablagerung der beiden Formationen zu. Möglicherweise zeigt das die beginnende Erosion auf dem umliegenden Festland an. Ein Zusammenhang für ein solches Szenario wäre zumindest sehr leicht herzustellen, aufgrund der Lage Bornholms am Rand des entstehenden Kaledonischen Gebirges, dessen Heraushebung auch gleich wieder erosive Kräfte in Gang setzte (3). Die Zunahme der genannten Minerale könnten auf Schuttströme von diesem jungen Gebirge hindeuten. Stratigraphisch werden beide Formationen in die Zeit des frühen Silurs gestellt. Innerhalb der silurischen Graptolithenschiefer können insgesamt 14 verschiedene Biozonen unter-

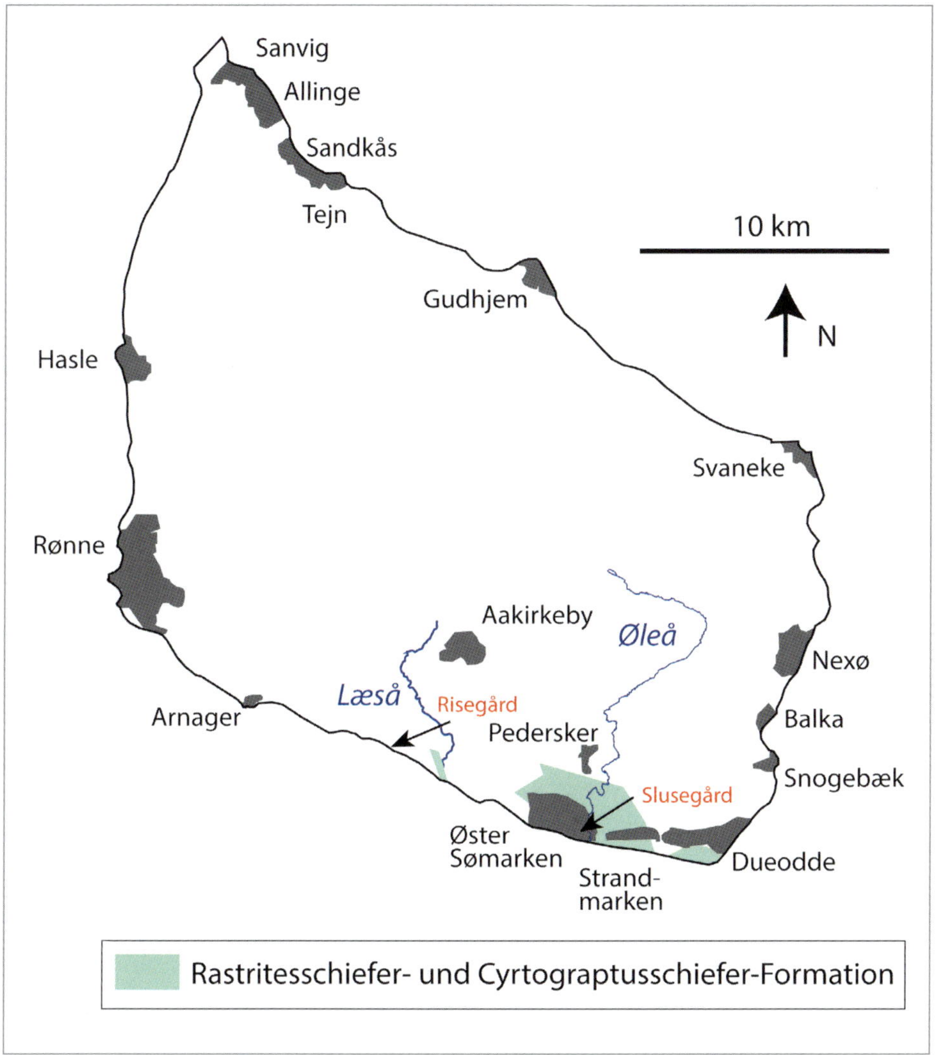

4: Karte der Verbreitung des Silurs auf Bornholm sowie Lage wichtiger Lokalitäten und für die Orientierung wichtiger Bäche.

schieden werden. Jede davon wurde über einen Zeitraum von weniger als einer Million Jahre abgelagert[15].

Graptolithenwelt

Wie erwähnt, ist der Fossilinhalt der silurischen Schiefer hauptsächlich durch Graptolithen charakterisiert. Das Thema Graptolithen wurde bereits im Kapitel über das Ordovizium angerissen. Im Silur ist diese Tiergruppe jedoch so bedeutend, dass es sich lohnt, etwas ausführlicher über sie zu berichten. Graptolithen waren marine, koloniebildende Tiere, die während des Paläozoikums, vom Kambrium bis in das späte Karbon[5,8], nachgewiesen sind. Als Leitfossilien sind sie besonders im Ordovizium und Silur wichtig. Sie bestanden aus vielen kleinen Einzeltieren, Zooide genannt, die in röhrenförmigen Hüllen lebten. Diese Hüllen waren an einer gemeinsamen Achse befestigt. Graptolithen sind ausgestorben, aber wahrscheinlich mit den heutigen Kiemenlochtieren (Hemichordaten) eng verwandt. Graptolithen werden in zwei Hauptgruppen unterteilt, die Dendroidea und die Graptoloidea. Ersteren wird eine benthische Lebensweise zugeordnet, die Graptoloidea werden als planktisch lebend interpretiert (7). Die Dendroidea sind sessile, also festsitzende Formen die am Meeresboden lebten. Sie bilden baumförmige, verzweigte Kolonien. Die freischwebenden, planktischen Graptoloidea sind dagegen meist unverzweigte oder wenig verzweigte Kolonien gewesen. Da sie passiv treibend in der Wassersäule lebten, wurden die Kolonien durch Meeresströmungen besonders weit verdriftet. Dabei war die Leichtbauweise förderlich, denn den Graptoloidea half, dass das Skelett (Rhabdosom) extrem leicht gebaut war und aus einer flexiblen, chitinähnlichen Substanz bestand[7]. Möglicherweise halfen auch Gasblasen dabei, den Auftrieb zu verbessern[6]. Man vermutet, dass die Graptoloidea in verschiedenen Wassertiefen lebten, also auf bestimmte Tiefenzonen spezialisiert waren. Das würde die große Artenvielfalt erklären. Aus den genannten Gründen stellen die planktischen Graptoloidea die meisten Leitfossilien innerhalb der Graptolithen.

Evolution der Graptolithen

Im vorherigen Kapitel habe ich aus der Dicellograptusschiefer-/Lindegård-Formation des Ordoviziums *Diplograptus* abgebildet. *Diplograptus* gehört zu denjenigen Graptolithen, anhand derer man die erwähnten Gasblasen als Schwebblase postuliert hat[3]. Die Gattung ist Vertreter und Namensgeber der Diplograptiden, von denen nur eine einzige Gattung das Aussterben am Ende des Ordoviziums überlebte (7). Daraus entwickelte sich die Gruppe der Monograptiden. Die Evolution der im Silur

5: Rastritesschiefer aus dem Naturaufschluss des Oleå-Bachs mit dem namensgebenden Graptolithen und einer Rekonstruktion des Rhabdosoms. Foto: Olaf Elicki.

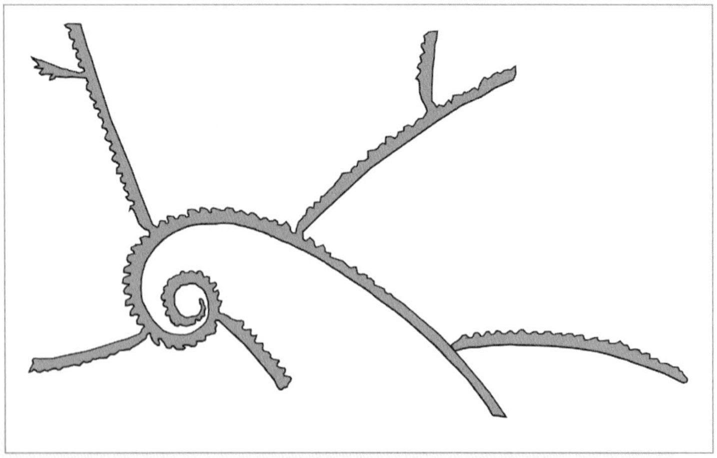

6: Schematische Darstellung einer Graptolithenkolonie von Cyrtograptus.

enorm erfolgreichen Monograptiden beginnt im späten Ordovizium, als die Vorfahren der Monograptiden noch zu den komplexeren Diplograptiden gehörten. Sie waren durch zwei Reihen von Theken (Wohnkammern) an ihrer Achse gekennzeichnet, die Monograptiden dann nur noch von einer, wie auch ihr Name suggeriert. Doch was ist so besonders an ihnen? Sie sind enorm wichtige Leitfossilien im Silur. Die Monograptiden bilden eine Vielzahl von Formen mit gebogenen oder spiraligen Achsen und komplizierten Theken. Die Theken separieren sich, werden asymmetrisch, hakenförmig und stachelig[10]. Eine dieser Formen ist die Gattung *Rastrites*, die im Vergleich zu *Monograptus* und den übrigen Vertretern der Familie Monograptidae eine völlig andersartige Morphologie aufwies (7, 8). Auf Bornholm werden die untersten knapp 80 m des Silurs als Rastritesschiefer bezeichnet (2). *Rastrites* zeichnet sich durch charakteristisch gebogene oder spiralig gewundene Theken (Wohnkammern der einzelnen Zooide) aus; die einzelnen Arten können jedoch morphologisch äußerst variabel sein[11]. Die Grundform der Gattung könnte eine Anpassung an die Strömungsverhältnisse beim passiven Treiben im Wasser gewesen sein. *Rastrites* wird mit ihren sehr dünnen, langgezogenen Theken als spezialisierte Gattung der Tiefwasserzone interpretiert, die perfekt an die ruhigen und stabilen Bedingungen in der Tiefe angepasst war. Vermutlich wanderten jedoch einige Graptolithen auch im Tagesverlauf zwischen verschiedenen Tiefenzonen auf Nahrungssuche – ähnlich wie das moderne Zooplankton. Die stabile Umgebung im Tiefwasser mag auch ein Grund dafür gewesen sein, warum viele Monograptiden die Krisen des Silurs vergleichsweise gut überstanden. Dennoch zeigten sie im Silur und frühen Devon mehrere Aussterbeereignisse, die jedoch bis zu ihrem endgültigen Aussterben immer wieder von Radiationen abgelöst wurden. Auch die zweite Graptolithengattung, die einem Schiefer auf Bornholm einen Namen verdankt, ist von ihrer Lebensweise her interessant. *Cyrtograptus* gehört ebenfalls zu den Monograptiden. Der Cyrtograptusschiefer folgt direkt auf den Rastritesschiefer, ist aber mit 40 m nur etwa halb so mächtig (2). Ein schöner Aufschluss des Cyrtograp-

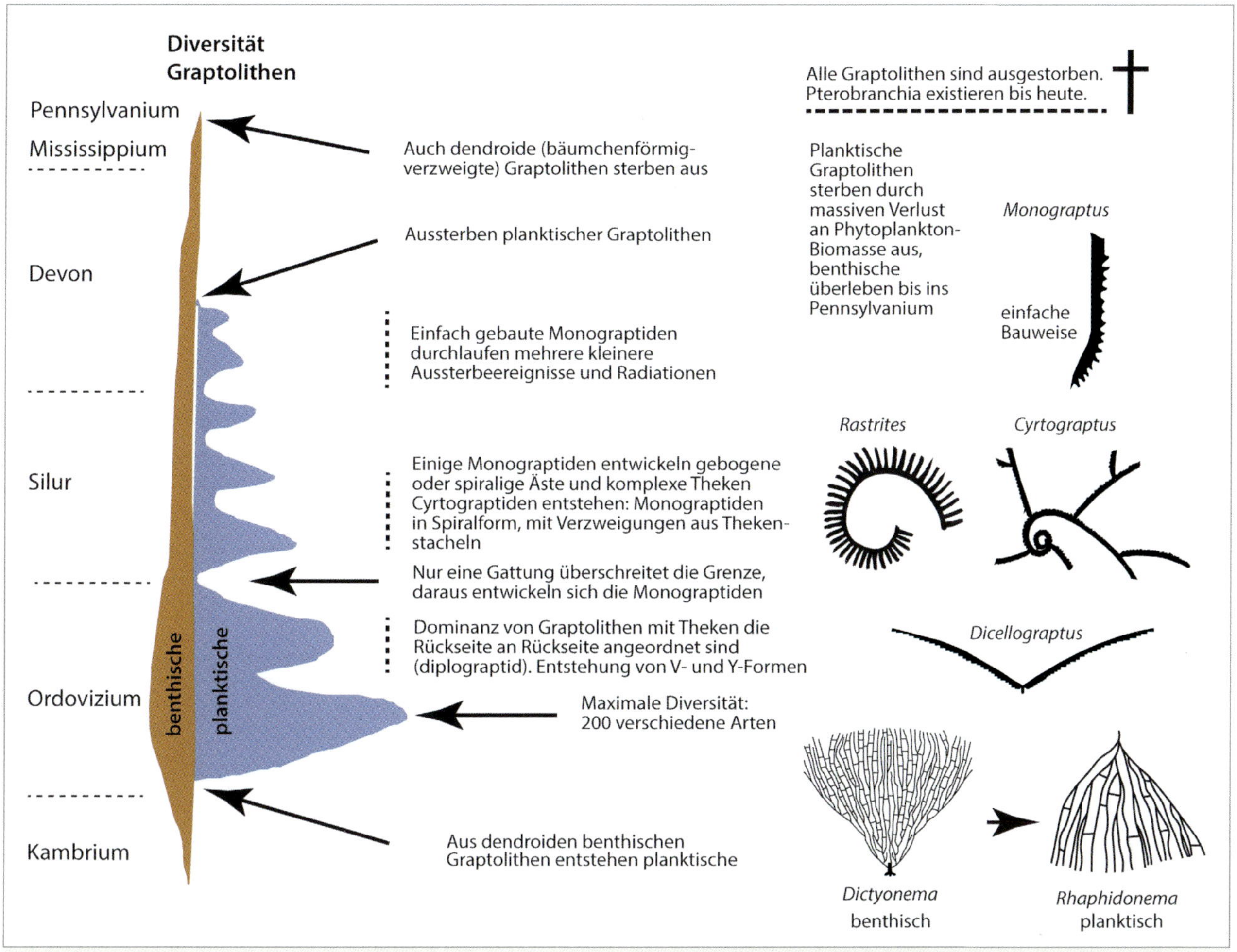

7: Artenvielfalt von Graptolithen in der Erdgeschichte mit besonderer Beachtung der für das Silur von Bornholm wichtigen Taxa. Die benthischen Graptolithen (Dendroidea) existierten deutlich länger als die planktischen Formen (Graptoloidea), weisen aber auch eine deutlich geringere Diversität auf. Grafik angeregt durch Milsom & Rigby (2003)[10], ergänzt durch weitere Angaben aus der Literatur[5,8].

tusschiefers ist der kleine Wasserfall bei Risegård (1, 9). *Cyrtograptus* ist ein Monograptide mit Verzweigungen aus Stacheln auf den Theken und einer Spiralform (6). Seine für einen Monograptiden besonders komplexe Konstruktion hat zur Vorstellung geführt, dass die Gattung ein besonders effizienter Filtrierer in tieferem, nährstoffärmerem Wasser war[14]. Trotz dieser vermutlichen Optimierung der Lebensweise faszinieren Monograptiden im weiteren Verlauf ihrer Evolution. Die ganz einfach gebauten, d. h. mehr oder weniger gerade gestreckten Kolonieformen mit nur einer Reihe von Theken, war sehr erfolgreich. Das scheint der üblichen Vorstellung von zunehmender Komplexität in der Evolution zu widersprechen. Dies gilt jedoch nur für die generelle Gestalt, denn die Theken wurden im Verlauf der Evolution immer komplexer. Die frühen Monograptiden hatten noch relativ einfache, röhrenförmige

8: Handstück aus der Rastritesschiefer-Formation mit Fragmenten von Rastrites (gebogen) und diversen Monograptiden mit langgestreckten Rhabdosomen. Foto: Olaf Elicki.

Theken, dann entstanden komplexere Thekentypen mit Haken und Dornen und einige Arten entwickelten sogar Verschlussmechanismen für ihre Theken. Möglicherweise verbesserte die einfache Bauform die hydrodynamischen Eigenschaften beim Schweben im Wasser. Denkbar ist auch eine effizientere Nutzung von Baumaterial für das Skelett oder eine optimierte Nahrungsaufnahme durch die veränderte Anordnung der Einzeltiere in der Kolonie. Fest steht zumindest, dass die auf diese Weise morphologisch „verschlankten" Vertreter als letzte der Graptoloidea bis ins frühe Devon überlebten (7). Die Konstruktion muss also sinnvoll gewesen sein.

Im Silur sind die einfach gebauten Monograptiden durch schnelle Evolution perfekte Leitfossilien und erfüllen ein oftmals weniger beachtetes Kriterium für ein gutes Leitfossil: Ihr einfacher Bau macht sie auch für den Nicht-Spezialisten relativ leicht bestimmbar.

Eine Frage der Erhaltung

Im vorherigen Abschnitt habe ich beschrieben, dass die komplexer aufgebauten monograptiden Graptolithen am ehesten auf die ruhigen Tiefwasserbereiche spezialisiert waren, möglicherweise aber auch tageszeitliche Wanderbewegungen durchgeführt haben. Aufgrund der planktischen Lebensweise und den vermuteten Gasbläschen, die als Auftriebsorgan dienten, ist aber natürlich eine Verdriftung aus der Wassersäule des Lebensbereiches bei Monograptiden sehr wahrscheinlich. Somit ist der Fossilbericht

9: Einen wunderschönen Aufschluss im Cyrtograptusschiefer bietet der Wasserfall bei Risegård.

nicht immer einfach zu interpretieren. Hierzu muss man auch die jeweiligen Erhaltungszustände beachten. Graptolithen kommen bevorzugt in dunklen Schiefern vor, die oftmals auch als Schwarzschiefer bezeichnet werden. Organische Erhaltung ist bei Fossilien selten, da die Organik rasch zersetzt wird. Bei Graptolithen ist die Überlieferung aber oft sehr gut. Dies liegt daran, dass sich Schwarzschiefer in einer Zone des Sauerstoffmangels im Ozean bilden (10). Diese Sauerstoffmangelzone erfasste aber nicht zwangsläufig die gesamte Wassersäule. Tiefer am Kontinentalhang können für Tiere, die am Boden lebten, durchaus ausreichende Sauerstoffverhältnisse geherrscht haben. Sowohl die Hinterlassenschaften der am Boden lebenden Tiere selbst, als auch das von oben herabregnende organische Material wurde daher in diesen Bereichen aufgelöst, auch durch die Aktivität bodenwühlender Organismen (Bioturbation). Schließlich wurden sie durch Mikroben zerstört. Aus diesem Grund enthält das Sedimentgestein aus diesen Zonen mitunter entweder nur sehr schlecht erhaltene oder gar keine Graptolithen.

Spannendes Silurgestein

An Bornholms Südküste findet man an einigen Stellen Gerölle von Graptolithenschiefer direkt am Strand, wie nahe Risegård (4, 11). Da sich die Schiefer aus Ordovizium und Silur faziell kaum unterscheiden, ist für die Altersbestimmung stets die Bestimmung der enthaltenen Graptolithen nötig, was

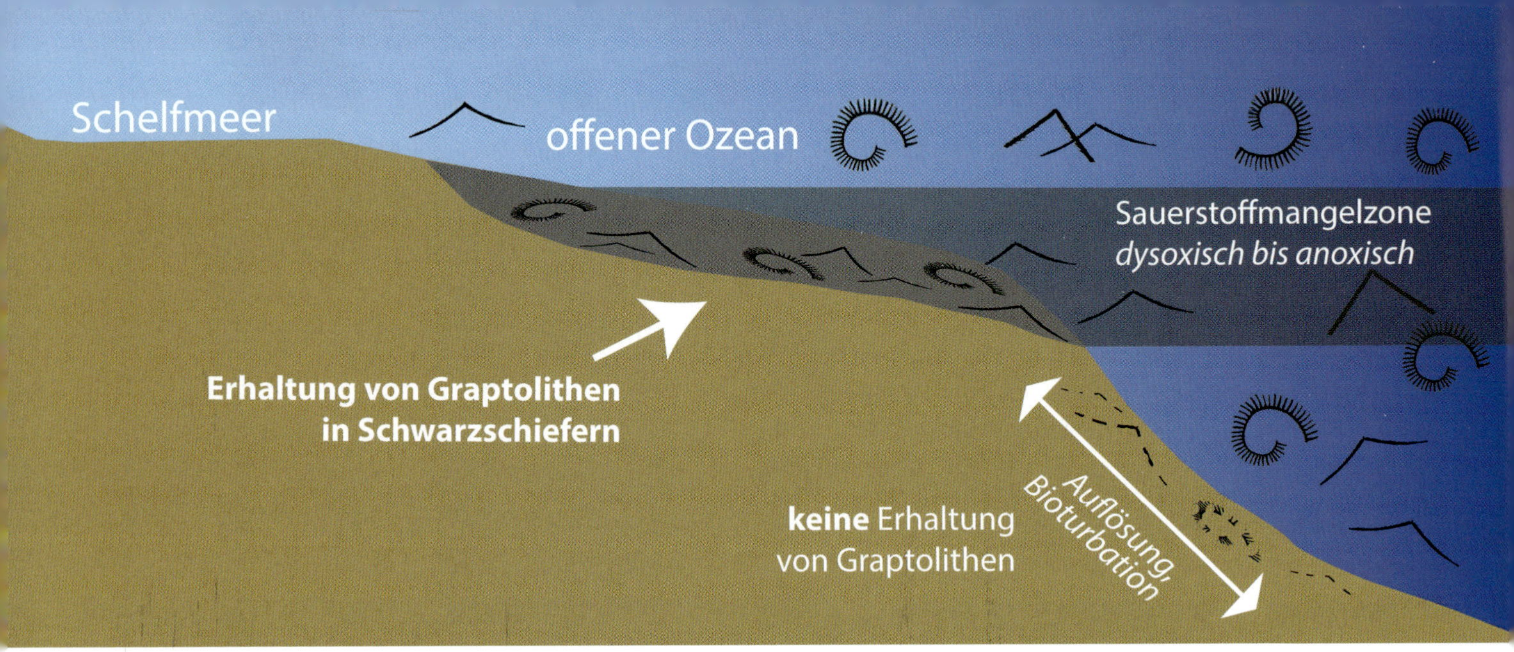

10: Schematische Darstellung möglicher Erhaltungsszenarien von Graptolithen in Schwarzschiefern. Durch die Ausbildung einer Sauerstoffmangelzone kann organisches Material wie die Graptolithen überliefert werden; im Gegensatz dazu mag die Auflösung des organischen Materials durch bodenwühlende Tiere diese Reste zerstören.

auch für Funde aus der Region von Sose zutrifft. Am Strand an der Mündung der Øleå bei Slusegård finden sich besondere Gerölle silurischen Graptolithenschiefer. Sie enthalten dünne Lagen vulkanischer Asche. Diese Lagen sind auf festländische Vulkane zurückzuführen, die sich vermutlich 200–300 Kilometer südlich oder südwestlich von Bornholm befanden[15]. Die Asche regnete über dem Ozean ab und die Partikel sanken dann über hunderte von Metern durch die Wassersäule bis zum Ozeanboden. Das Gestein ist auf der Insel selbst nicht zu finden und steht vermutlich unmittelbar vor der Küste in der Ostsee an. Für geologisch Interessierte sind darin enthaltene Kalkkonkretionen sehr spannend, da sie perfekt auskristallisierte Quarzkristalle enthalten können. Diese werden auch als „Bornholmer Diamanten" bezeichnet und sind seltene, begehrte Sammelobjekte. Ihre Entstehung verdanken sie ihrer spätdiagenetischen Bildung: Der Karbonatschlamm war wassergesättigt und die Entwässerung führte zu Hohlräumen im Inneren der sich bildenden Konkretionen. In diese Hohlräume hinein konnten die Quarzkristalle frei wachsen und so einen perfekten Habitus ausbilden.

11: Graptolithen führende Schwarzschiefer, hier als Gerölle am Ostseestrand westlich Risegård.

Graptolithenschiefer, die denen auf Bornholm ähneln, sind aus dem südschwedischen Schonen bekannt. Dort ist auch das mittlere und höhere Silur belegt (Colonusschiefer), eine Abfolge, die auf Bornholm nicht vorkommt. Sie sind mehr als 800 m mächtig und legen somit im Vergleich zum Graptolithenschiefer Bornholms eine hohe Sedimentationsrate nahe[15]. In einigen Abschnitten der Rastritesschiefer- und Cyrtograptusschiefer-Formation sind karbonatische Einschaltungen nicht selten. Hierbei handelt es sich aber nicht um primäres Karbonat, das während der Ablagerung der Graptolithenschiefer entstand, sondern um chemisch ausgefällten Kalk, der während der Gesteinsbildung entstand (diagenetische Karbonatbildung). Bei Billegrav, unweit von Øleå, sind mehrere Zentimeter dicke Kalksteinschichten zwischengeschaltet. Die häufigen linsenförmigen Kalkkonkretionen in den Schiefern an der Mündung der Øleå enthalten die erwähnten „Bornholmer Diamanten". Auch sie wurden aus Gesteinen erodiert, die in der Ostsee anstehen und wurden von dort an den Strand verfrachtet[15].

Vermisst: Das obere Silur auf Bornholm

Ablagerungen aus dem späten Silur sucht man auf Bornholm vergeblich. Ein Grund dafür könnte die Großtektonik sein, denn die Schließung des Iapetus-Ozeans schritt in jener Zeit weiter voran. Die Urkontinente Baltica und Avalonia kollidierten gemeinsam mit Laurentia und in der Folge kam es zu Gebirgsbildungen. Dies führte dazu, dass der Iapetus von Norden beginnend subduziert wurde (vgl. Kapitel über das Ordovizium). War Bornholm also im späten Silur emporgehoben und sogar ein Abtragungsgebiet über dem Meeresniveau geworden? Die dunkle Tonsteinfazies des unteren und mittleren Silurs auf Bornholm zeigt eher küstenferne Verhältnisse an und so wäre dies nur mit einer extremen „Fahrstuhltektonik" möglich gewesen. Durch die schon beschriebene Schließung des Iapetus war es schließlich mit der kaledonischen zu einer der größten Gebirgsbildungen der Erdgeschichte gekommen, die bis ins frühe Devon andauerte. Ein geologisch gesehen sehr schnelles Emporheben des Meeresbodens aus der Tiefsee oder zumindest dem tieferen Schelf in nur wenigen Millionen Jahren erscheint dennoch unwahrscheinlich. Ein Grund ist die randliche Lage zu den skandinavischen bzw. norddeutsch-polnischen Ausläufern der Kaledoniden. Die Erdölexploration fand zudem direkt westlich von Bornholm mehrere Kilometer dicke Ablagerungen des oberen Silurs[1,15]. Aus den genannten Gründen ist es wahrscheinlicher, dass die Sedimente des oberen Silurs der Erosion vom Devon bis in die frühe Trias zum Opfer fielen. In dieser Zeit war der Bereich von Bornholm bis nach Schonen Festland. Die Abtragung ist das Ergebnis der nächsten Gebirgsbildungsphase. Dieses als variszische Gebirgsbildung bekannte Intervall dauerte vom Devon bis in die Trias und hinterließ auf Bornholm fast keine Spuren. Für die Zeiten des Devons, Karbons und Perms liegen auf Bornholm keine Gesteine vor (Schichtlücke). Erst für die Trias sind dann wieder Sedimente belegt.

Dank: Prof. Dr. Olaf Elicki (Freiberg) danke ich für die Bereitstellung von Fotos.

Literatur zum Thema

1 Butzbach, J. (2000): 1700 Millionen Jahre Bornholm. William Dams Boghandel, Rønne.

2 Cocks, L. R. M. & T. H. Torsvik (2006): European geography in a global context from the Vendian to the end of the Palaeozoic. In: Gee, D. H. & R. A. Stephenson (Hrsg.): European lithosphere dynamics, S. 83–95. Geological Society, London, Memoirs 32.

3 Finney, S. C. (1979): Mode of life of planktonic graptolites: flotation structure in Ordovician *Dicellograptus* sp. Paleobiol. 5(1): 31–39.

4 Gravesen, P. (1996): Geologisk set. Bornholm. En beskrivelse af områder af national geologisk interesse. Geografforlaget, Brenderup.

5 Koren', T. N. & R. B. Rickards (1979): Extinction of the graptolites. In: Harris, A. L. et al. (Hrsg.): The Caledonides of the British Isles – Reviewed, S. 457–466. Geological Society, London, Special Publications 8. London.

6 Maletz, J. (2015): Graptolite reconstructions and interpretations. Paläont. Z. 89(3): 271–286.

7 Maletz, J. (2020): Hemichordata (Enteropneusta & Pterobranchia, incl. Graptolithina): A review of their fossil preservation as organic material. Bull. Geosci. 95(1): 41–80.

8 Maletz, J. (2024): Graptolites – survival in the Palaeozoic seas. Histor. Biol. 36(9): 1804–1814.

9 Matte, P. (2001): The Variscan collage and orogeny (480–290 Ma) and the tectonic definition of the Armorica microplate: a review. Terra Nova 13(2): 122–128.

10 Milsom, C. & S. Rigby (2003): Fossils at a glance. Blackwell-Verlag, Malden, Oxford, Carlton & Victoria.

11 Rigby, S. (2003): The functional morphology and population structure of *Rastrites maximus* from the Southern Uplands. Scott. J. Geol. 39(1): 51–60.

12 Stampfii, G. R. M., J. R. F. von Raumer & G. D. Borel (2002): Paleozoic evolution of pre-Variscan terranes: From Gondwana to the Variscan collision. In: Catalán, J. R. M. et al. (Hrsg.): Variscan-Appalachian dynamics: The building of the late Paleozoic basement, S. 263–280. Geological Society of America Special Paper 364. Geological Society of America, Boulder.

13 Torsvik, T. H., M. A. Smethurst, J. G. Meert, R. Van der Voo, W. S. McKerrow, M. D. Brasier, B. A. Sturt & H. J. Walderhaug (1996): Continental break-up and collision in the Neoproterozoic and Palaeozoic – A tale of Baltica and Laurentia. Earth-Sci. Rev. 40(3): 229–258.

14 Underwood, C. (1995): Interstipe webbing in the Silurian graptolite *Cyrtograptus murchisoni* and its palaeobiological significance. Palaeontology 38: 619–625.

15 Vejbæk, O. (2006): Ørken og salthav. In: Larsen, G. (Hrsg.): Naturen i Danmark: Geologien, S. 125–138. Gyldendal, Copenhagen.

16 Ziegler, P. A. (1990): Geological Atlas of Western and Central Europe. Shell International Petroleum Maatschappij B. V., Amsterdam.

Fotos, sofern nicht anders angegeben: Jens Lehmann.

Jens Lehmann

Die Trias: Beginn der Dinosaurierzeit, Festland auf Bornholm

Bereits im Kapitel über die Zeit des Silurs ist angeklungen, dass auf Bornholm während des späten Erdaltertums und des frühesten Erdmittelalters eine lange Phase der Erosion anzunehmen ist, ohne dass Sedimente abgelagert wurden. Dies änderte sich ab der allerspätesten mittleren Trias[2,5,6] mit der Sedimentation der Kågeröd-Formation (1). Sie besteht aus Ton- und Sandsteinen sowie Konglomeraten und enthält eine karge Spurenfossilfauna.

1: Sandsteine der späten Trias bei Risebæk, im Süden der Insel Bornholm, in die Schwalben ihre Nester gebaut haben. Man beachte die Schrägschichtungsblätter.

Während der Trias war das plattentektonische Muster unserer Erde vom Superkontinent Pangäa bestimmt. Dieser riesige Landmassenblock erstreckte sich über weite Teile der Erdoberfläche und war von einem globalen Ozean, Panthalassa genannt, umgeben. Innerhalb Pangäas begannen jedoch bereits erste tektonische Spannungen. Ab der Obertrias brach Pangäa dann auseinander, was sich während der folgenden Jura- und Kreidezeit rasant fortsetzte und auch zur Bildung des Atlantiks führte[4,9,10]. Die Trias kann daher als eine Übergangszeit betrachtet werden, bei weitestgehender Ruhe vor dem großen Zerfall. Die Fragmentierung von Kontinentalmassen hat vermutlich grundsätzlich eine Zunahme der marinen Artenvielfalt zur Folge. Dies gilt besonders für die langfristige Entwicklung der Organismen nach dem Auseinanderbrechen von Pangäa[10]. Auf Bornholm führten die plattentektonischen Bewegungen entlang der Tornquist-Zone dazu, dass der größte Teil der Insel zu einem Hochgebiet wurde

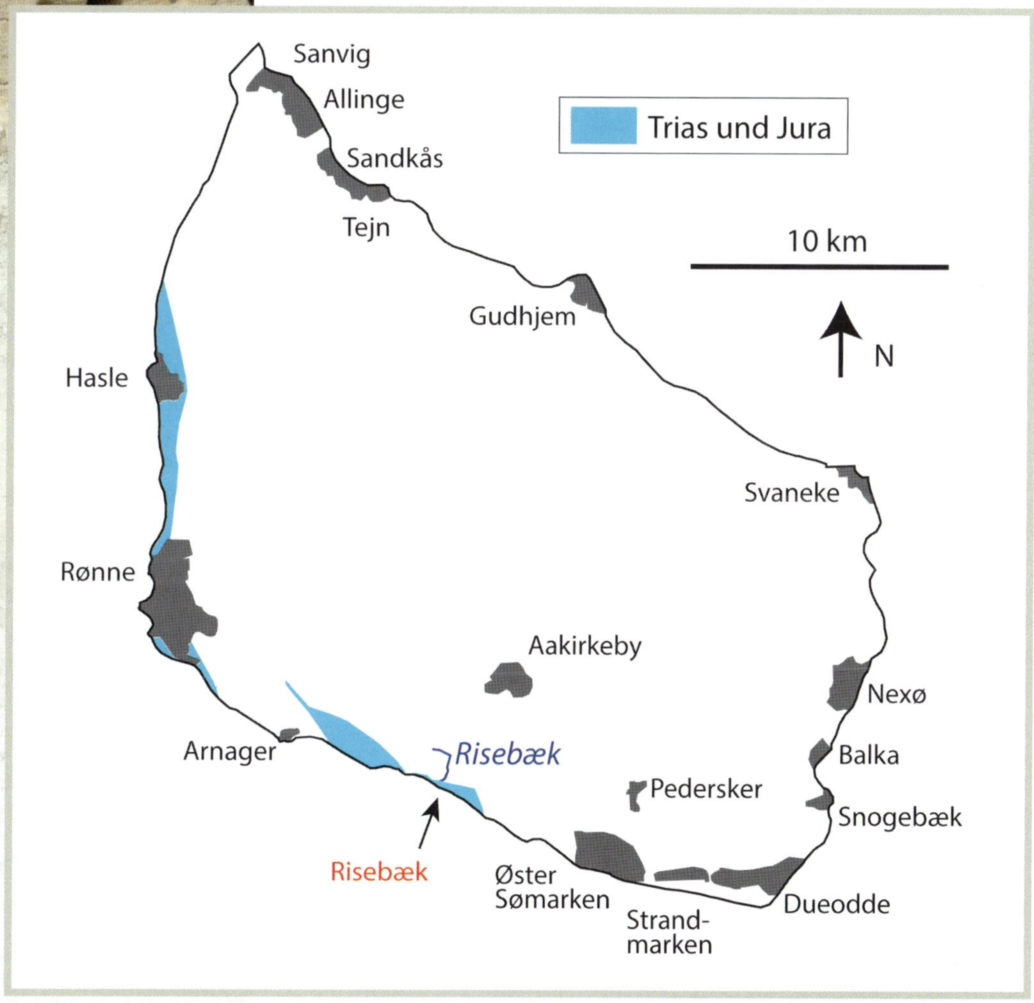

2: Karte der Verbreitung der Sedimentgesteine der Trias und des Juras auf Bornholm und Lage der Risebæk-Lokalität bei Risegård.

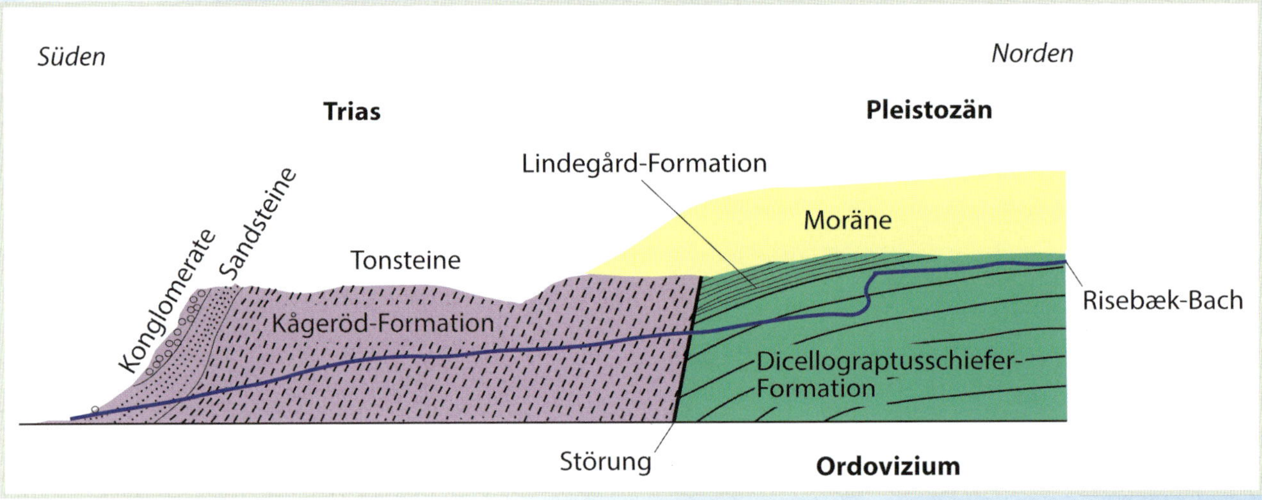

3: Skizze der geologischen Verhältnisse bei Risegård. Umgezeichnet nach Bruun-Petersen et al. (1977)[1].

4: Konglomerate in sandiger und rötlicher toniger Matrix. Kågeröd-Formation bei Risebæk. Foto: Johannes Kalbe.

(Bornholm-Horst), der auch den allergrößten Teil der heutigen Insel ausmacht. Südlich von Bornholm entstand die Sose-Plattform, ein küstennahes Gebiet überwiegend mariner Natur, während ein steilerer Abbruch den Westrand von Bornholm und Bereiche der heutigen Ostsee umfasste. Letzteren kennen wir als Rønne-Graben. Nur der Bornholm-Horst lag im Verlauf des weiteren Erdmittelalters höher; die beiden anderen Gebiete sanken allmählich ab und wurden mit Sediment verfüllt.

Bornholm über dem Meeresspiegel

Von dieser Entwicklung zeugen die Sedimente der Trias im südlichen Bornholm (2), denn es handelt sich

5: Panorama der nach Südwesten einfallenden Triassandsteine der Kågeröd-Formation bei Risegård, die als Härtling fungieren. Am linken Bildrand sind die darunter liegenden Tonsteine erkennbar, die zu Rutschungen neigen und dem Gelände einen hügeligen Charakter verleihen.

6: Ein typischer Kugelsandstein an der Küste bei Risebæk.

um Ablagerungen des terrestrischen Lebensraums auf dem Nordrand der küstennahen Sose-Plattform. Sie werden zur Kågeröd-Formation des spätesten Ladiniums (späteste Mitteltrias) und Karniums (frühe Obertrias) gestellt, wobei manche Autoren sie ausschließlich in die obere Trias zu stellen scheinen[3,7,8]. Faziell repräsentieren sie Sedimente von Überflutungsebenen, Flüssen und Seen, lagen also nördlich des größten, flachmarin geprägten Teils der Plattform. Triassische Ablagerungen sind an der Südküste Bornholms erhalten geblieben, nahe der Einmündung des Risebæk-Bachs. Der Besuch der triassischen Küstenaufschlüsse ist von einer Lokalität aus möglich, die bereits im Kapitel über das Ordovizium erwähnt wurde. Das Auto kann man am Parkplatz des aufgelassenen Steinbruchs an der Søndre Landevej bei Skelbro parken. Von hier aus folgt man einem schmalen Weg am Risebæk entlang zur Küste. Nach ein paar hundert Metern erreicht man den Küstensaum, der durch Hangrutschungen in grünen und roten Tonsteinen ein hügeliges Landschaftsbild aufweist. Wer sich nun wundert, dass sehr nahe an dem berühmten Ordovizium-Aufschluss Schichten des Erdmittelalters zu finden sind, sei auf die ost-west-verlaufende tektonische Bruchlinie am Risegård hingewiesen. Die Störung selbst ist nicht aufgeschlossen. Sie versetzt hier auch nicht die Komstadkalk-Formation gegen die Kågeröd-Formation der Trias, sondern die unter dem Kalk liegende weichere Dicellograptusschiefer-Formation (3). Die Störung führte auch dazu, dass die Sedimentgesteine der Triaszeit hier steil gestellt wurden und nach Südwesten abfallen, was im Aufschluss nicht immer einfach zu erkennen ist. Die Lagerungsverhältnisse lassen sich noch am besten im westlichen Teil des Gebiets feststellen, ca. 50 m von der Mündung des Risebæk entfernt[2].

Spurenfossilien

Die Kågeröd-Formation enthält eine kärgliche Ichnofauna[8]. Es können schlammgefüllte Schächte und Tunnel in einem Konglomerat beobachtet werden, die auf im Sediment grabende Krebse zurückgehen dürften. Die Spurenfossilien werden der Ichnogattung *Camborygma* zugeordnet. Die Konglomerate haben sich dabei erosiv in die unterlagernden feingeschichteten Sandsteine eingeschnitten[5] und enthalten Caliche-Knollen (4). Solche Knollen sind härter als das Umgebungsgestein, da sie vor allem aus Kalk bestehen. Sie bildeten sich unter trockenen oder halbtrockenen Bedingungen in Böden durch die Fällung von Mineralien aus verdunstendem Wasser. Sie zeigen damit aride oder semiaride Klimabedingungen an. Die stets wiederkehrende Verdunstung und geringe Niederschläge bedingen eine Anreicherung der Minerale. Die Sandsteine der Kågeröd-Formation dürften dagegen vermutlich überwiegend in sehr flachem Wasser gebildet worden sein, aber gelegentlich fiel der Boden trocken (5). Es lassen sich vertikale, U-förmige Bauten beobachten, die eine Sandfüllung enthalten. Diese Spurenfossilien können als *Arenicolites* bestimmt werden und wurden möglicherweise von Insekten angelegt. Darüber hinaus enthalten sie gewundene, horizontale, schräg verlaufende und senkrechte, unverzweigte Baue. Sie sind sandgefüllt und zeigen im Querschnitt eine halbmondförmige Stopfstruktur. Diese Ichnofossilien wurden *Taenidium* zugeordnet; vielleicht sind sie auf die Grabaktivität von Käfern zurückzuführen. Auch in den tonigen Abschnitten der Kågeröd-Formation und in einigen Abschnitten der Sandsteine sind Caliche-Knollen eingeschaltet. Ihre Größe beträgt zwischen wenigen Zentimetern bis zu Dezimetern. Manche dieser Knollen sind als Rhizolithe anzusprechen, also als Strukturen, die ehemalige Pflanzenwurzeln nachzeichnen (siehe auch FOSSILIEN 1/2012: 58–59). Streng genommen gehören Rhizolithe zu den biogenen Sedimentstrukturen. Sie zeigen ein Mindestmaß an im Boden vorhandenen Wassers an, also semiaride Bedingungen. Den Ablagerungsraum kann man sich als ausgedehnte Flussaue mit kleinen Seen und Flussläufen vorstellen.

Die Aufschlüsse an der Mündung des Risebæk bieten neben den Ichnofossilien auch eine Reihe spannende sedimentologische Phänomene[8]. Einige Sandsteine zeigen Schrägstellung der Schichten, sogenannte Schrägschichtung, was einen Hinweis auf die einstige Strömungsrichtung gibt (1). Eine Spezialform ist die Trog-Schrägschichtung, bei der die einzelnen Schrägschichtungsblätter nicht geradlinig verlaufen, sondern konkav oder gewölbt sind. Dieses Schichtungsphänomen weist auf wechselnde Strömungsverhältnisse hin. Die entsprechenden Intervalle des Profils sind vermutlich auf eine hohe Strömungsenergie im Flachwasser zurückzuführen, möglicherweise auch mit Gezeitenströmen. Auf episodische sehr starke Strömungen weisen auch Erosionsrinnen („gutter casts") hin. Sie entstanden jedoch vermutlich nicht durch Brandungsrückströmung, sondern auf seltene Ereignisse wie Rückströmung nach besonderen Flutereignissen, die beispielsweise durch starke Stürme hervorgerufen werden können. Sie sind nicht zu verwechseln mit den ebenfalls in dieser Formation vorkommenden „load casts", Strukturen, die durch die Verformung von weichem Sediment unter einer schwereren, darüberliegenden Sedimentschicht entstehen. Sie gehören zu den Sohlmarken und treten in der Kågeröd-Formation am Top feingeschichteter Sandsteinschichten auf, über der gröbere Trog-Schrägschichtung folgt.

Spannend an den Aufschlüssen bei Risebæk ist außerdem, dass unter den triassischen Abfolgen kambrische Sedimente anstehen[3], d. h. dass an dieser Stelle eine Schichtlücke von etwa 250 Millionen Jahren zwischen den beiden Abfolgen anzunehmen ist. Die genaue Lokalität wird auch als Julegård bezeichnet. Sie unterstreicht die Besonderheit der geologischen Aufschlüsse Bornholms.

Kugelsandsteine

Am Strand nahe Risegård finden sich nicht selten knollige Sandsteinaggregate, Härtlinge, die als „Kugelsandsteine" bekannt sind und mitunter mehrere Dezimeter groß sind (6). Diese Kugeln sind Sandsteine mit kugeligen Konkretionen, die auf der verwitterten Oberfläche des Gesteins als Relief hervortreten. Diese Konkretionen entstehen durch eine örtlich verstärkte Zementierung der Sandstein-Matrix mit Calciumkarbonat. Aufgebrochen, und nicht im unversehrten Zustand wie in der Abbildung (6), weisen diese Kugeln eine bemerkenswerte Besonderheit auf, den sogenannten „Calcitspiegel": Auf der Bruchfläche reflektiert ein Teil oder der gesamte Querschnitt der Kugel das einfallende Licht und erzeugt eine matte Spiegelung. Dies deutet darauf hin, dass es sich um Einkristalle oder einen Verbund weniger großer Kristalle handelt. Bei diesem Prozess wurden die kleinen Quarzkörner der Sandsteinmatrix netzartig von größeren Kristallen umschlossen.

Ähnliche Funde aus dem Geschiebe werden oft dem Devon im Baltikum zugeordnet, jedoch finden sie sich in verschiedenen erdgeschichtlichen Abschnitten, beispielsweise auch im Kambrium, dem Jura und der Kreide. Auf Bornholm ist die Altersfrage jedoch eindeutig, da sie aus der Kågeröd-Formation herauswittern.

Dank: Dr. Johannes Kalbe (Güstrow) danke ich für die Bereitstellung von Fotos.

Literatur zum Thema

[1] Bruun-Petersen, J., P. Gravesen, H. Gry, T. Jørgart, V. Poulsen, F. Rolle & S. Sjørring (1977): Varv ekskursionsfører nr. 1: Geologi på Bornholm

[2] Butzbach, J. (2000): 1700 Millionen Jahre Bornholm. William Dams Boghandel, Rønne.

[3] Clemmensen, L. B., R. G. Bromley & P. M. Holm (2011): Glauconitic deposits at Julegård on the south coast of Bornholm, Denmark dated to the Cambrian. Bull. Geol. Soc. Denmark 59: 1–12.

[4] Dietz, R. S. & J. C. Holden (1970): The breakup of Pangaea. Scient. Am. 223(4): 30–41.

[5] Gravesen, P. (1996): Geologisk set. Bornholm. En beskrivelse af områder af national geologisk interesse. Geografforlaget, Brenderup.

[6] Gravesen, P., F. Rolle & F. Surlyk (1982): Lithostratigraphy and sedimentary evolution of the Triassic, Jurassic and Lower Cretaceous of Bornholm, Denmark. Danm. Geol. Unders. 7: 1–51.

[7] Knaust, D. (1997): Triassische Leitgeschiebe im pleistozänen Vereisungsgebiet Nordostdeutschlands und deren Beziehung zur Kågerød-Formation von Bornholm (Dänemark). Z. Dtsch. Geol. Ges. 148(1): 51–69.

[8] Knaust, D. (2015): Trace fossils from the continental Upper Triassic Kågeröd Formation of Bornholm, Denmark. Ann. Soc. Geol. Polon. 85(3).

[9] Schettino, A. & E. Turco (2009): Breakup of Pangaea and plate kinematics of the central Atlantic and Atlas regions. Geophys. J. Intern. 178(2): 1078-1097.

[10] Zaffos, A., S. Finnegan & S. E. Peters (2017): Plate tectonic regulation of global marine animal diversity. Proc. Nat. Acad. Sci. 114(22): 5653–5658.

Fotos, sofern nicht anders angegeben: Jens Lehmann.

Jens Lehmann

Die Jurazeit: Das Meer kehrt zurück nach Bornholm

Der Jura Skandinaviens gilt insgesamt mit seiner einmaligen Assoziation als paläontologische Schatztruhe, die Fossilien von Pflanzen, Dinosauriern, Haien, Ammoniten, Belemniten und marinen Reptilien enthält[15,35]. Der Jura auf Bornholm macht da keine Ausnahme. Er erscheint dem Fossilienfreund auf den ersten Blick nicht ungewöhnlich, vergleicht man ihn mit vielen anderen Regionen Europas (1). Er ist jedoch durch mehrere Besonderheiten gekennzeichnet. So ist die Fazies nur teilweise von Flachmeersedimenten mit Ammoniten und anderen Invertebraten geprägt. Vielmehr umfasst der Bornholmer Jura neben marinen Ablagerungen auch lagunengeprägte und terrestrische Intervalle. Dieses macht ihn aus wissenschaftlicher Sicht besonders interessant, denn wo sonst auf unserem Kontinent könnte man so unterschiedliche Faziesausprägungen dieses System noch studieren?[9,14]

1: Schichten der Hasle-Formation des Unterjuras an ihrer Typlokalität am Steilufer von Hasle. Foto: Jochen Kuss.

		Formation	Member	Ungefähre Mächtigkeit
Kreide		Rabekke	–	2-110 m
Jura	Oberer	*Schichtlücke: Callovium bis höchstes Tithonium*		
	Mittlerer	Bagå	–	>210 m (Bagå und Sorthat)
		Sorthat	–	
	Unterer	Hasle	–	80-110 m
		Rønne	Galgeløkke	150-210 m
			Sose Bugt	>240 m
			Munkerup	>20 m

2: Die Schichtabfolge auf Bornholm nach Surlyk[37], Mächtigkeiten nach Gravesen et al.[9].

Das globale plattentektonische Muster im Jura war durch den allmählich zerfallenden Superkontinent Pangäa charakterisiert. Dessen Fragmente verteilten sich etwa symmetrisch um den Äquator und an ihren Rändern fand Gebirgsbildung statt. Dehnung führte zur Bildung der frühesten Vorläufer des Atlantiks zwischen Nordwestafrika und Florida. Innerhalb Pangäas bildeten sich zahlreiche Bruchmuster aus, in deren Senkungsbereiche verbreitet Flachmeere eindrangen. Im heutigen Dänemark begann die Jurazeit überwiegend ruhig. Zu Beginn des Mitteljura setzten dann Hebungen ein, das Norddeutsche Becken, das Ringkøbing-Fünen-Hoch, das Dänische Becken und die Sorgenfrei-Tornquist-Zone waren bereits angelegt. In Schonen zeugen heute mehr als 70 fossile Vulkane von tektonischer Unruhe und auch in der Nordsee gab es Vulkanismus[37]. Es entstanden Gräben, die sich auch zu Ozeanen hätten entwickeln können. Dazu kam es aber dann später westlich der britischen Inseln, wo Gräben sprichwörtlich durchbrachen, was in der Bildung des Atlantiks seinen Höhepunkt fand.

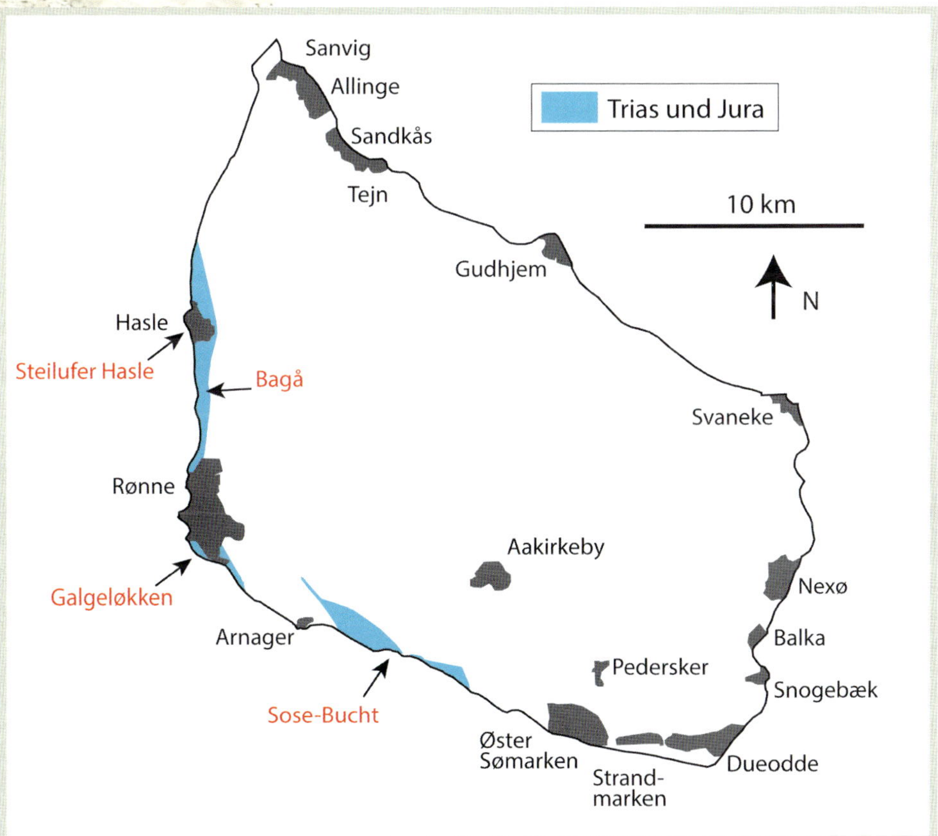

3: Karte der Verbreitung der Sedimentgesteine der Trias und des Juras auf Bornholm mit Lage der wichtigsten Jura-Aufschlüsse.

Warm, trocken – und ein Meeresspiegel, der Fahrstuhl fährt

Dänemark dürfte in der Zeit des Juras auf ungefähr 45 Grad nördlicher Breite gelegen haben. Dies hatte ein warm-feuchtes Klima zur Folge. Der Umbruch hin zu feuchteren und etwas kühleren Bedingungen vor dem Hintergrund einer generellen Erderwärmung erfolgte dabei etwa an der Wende von der Trias zum Jura[10]. Parallel dazu begann der Meeresspiegel zu steigen; erst gegen Ende des frühen Juras sank er wieder. Den niedrigsten Meeresspiegel kann man für die Zeit des Mitteljuras annehmen. Gegen Ende des mittleren Juras erreichte er insgesamt seinen niedrigsten Stand überhaupt in diesem erdgeschichtlichen System. Auf Bornholm selbst ist der oberste Mitteljura und fast der gesamte Oberjura daher nicht durch Sedimentgesteine repräsentiert (Schichtlücke)[36]. Diese „Fahrstuhlfahrt" des Meeresspiegels ist auch der Grund für die eingangs erwähnten ungewöhnlich vielen Faziesbereiche, die man im Jura von Bornholm antrifft. Der Rückzug des Meeresspiegels im Verlauf des Juras hatte auch zur Folge, dass der Faunenaustausch zwischen dem arktischen Raum und dem Tethysozean im Süden stark gehemmt wurde. Aus diesem Grund entwickelten sich in den verschiedenen Regionen unterschiedliche Faunen, was dazu führte, dass die biostratigraphischen Gliederungen wenig Übereinstimmungen aufweisen.

Die größeren, langfristigeren Veränderungen während des Juras können mit dem Auseinanderbrechen des Superkontinents Pangäa erklärt werden[11]. Anders sieht das schon mit den kurzfristigen Meeresspiegelschwankungen aus. Allein mit Temperaturschwankungen und damit einhergehender Dichteveränderung im Meerwasser kann man diese nicht erklären. Da kontinentale Eisschilde oder Polvereisung während dieser warmen erdgeschichtlichen Periode fehlten, sind sie ebenfalls kein Argument um rasche Meeresspiegelschwankungen zu erklären[12].

Dinosaurier und Pflanzen – die Rønne-Formation

Der Untere und Mittlere Jura auf Bornholm wird von unten nach oben durch die Rønne-, Hasle, Sorthat- und Bagå-Formation repräsentiert (2). Über einer Schichtlücke, die den Zeitabschnitt vom späten Mittleren Jura bis kurz vor die Jura/Kreide-Grenze überspannt, folgt die Rabekke-Formation, die bis in das Berriasium der frühesten Kreide reicht.

Die Rønne-Formation ist in den flachen Küstenabbrüchen der Sose-Bucht und bei Galgeløkken besonders gut aufgeschlossen (3). Sie lässt sich in drei Member unterteilen[9](2). Die ältesten Schichten der Rønne-Formation (Munkerup-Member) wurden in Seen, Sümpfen und kleinen Bächen abgelagert. Dünne Wurzelhorizonte zeugen von Seen und ihrer späteren Austrocknung, Überwucherung und anschließender Bodenbildung. Meeresspiegelvorstöße lagerten im nun tidendominierten Bereich Sande ab; der darauffolgende Abfall des Meeresspiegels legte diese Abfolge wieder frei und Flüsse

4: Dunkle Tonsteine der marinen Hasle-Formation des Pliensbachiums. Foto: Jochen Kuss.

6: Dünn gebankte Tonstein/Sandstein-Wechsellagerung der marinen Hasle-Formation des Pliensbachiums in der Sose-Bucht. A) Eine linsenförmige Kalksteinschicht am Top einer Wechsellagerung. B) Die interne Struktur der Sandlagen zeigt Schrägschichtung als ein Indiz für stark wechselnde Strömungen. Fotos: Jens Lehmann.

schnitten sich darin ein. Die Sedimentationsdynamik kann man im Profil der Sose-Bucht sehr schön erkennen, und selbst in kleinem Maßstab ist Schrägschichtung erkennbar, welche rasch wechselnde Strömungsrichtungen nachzeichnet (5, 6). Während der folgenden Transgressionen wurde das Flusstal erneut mit ihrem Erosionsschutt gefüllt und diese Vorgänge wiederholten sich mehrfach. In feinkörnigen Seeablagerungen finden sich gut erhaltene Pflanzenfossilien von Farnen, Samenfarnen, Palmfarnen, Ginkgogewächsen und Nadelbäumen.

Über die Paläo-Flussrinnen der Sose-Bucht sind einst zahlreiche Dinosaurier oder andere große Wirbeltiere gelaufen. Im Anschnitt der Steilabbrüche sieht man gewöhnlich nur die konkaven Deformationen im Querschnitt, jedoch können besonders nach Stürmen auch Ausfüllungen der Trittsiegel lose am Strand entdeckt werden. In der Regel handelt es sich hierbei um eine sogenannte Undertrack-Erhaltung von Spuren, das heißt, die schweren Tiere haben ihre Fußabdrücke durch die darunterliegenden Sedimentschichten hindurchgepaust. Diese Funde sind die frühesten Nachweise für Dinosaurier in Dänemark[1,5]. Diese Spurenfossilien sind im Museum NaturBornholm nahe der Inselhauptstadt ausgestellt[28]. Einst als jurassische Quallen interpretierte Strukturen wurden später in FOSSILIEN (4/2014) als Scharrkreise enttarnt, möglicherweise entstanden durch vom Wind bewegtes Pflanzenmaterial, welches konzentrische Kreise hinterließ, die etwas an Quallen erinnern[2].

Nach der Ablagerung des Munkerup-Members folgte ein stärkerer Anstieg des Meeresspiegels und die festländischen Ablagerungen wurden zunächst von küstennahen Sanden überdeckt (Sose Bugt-

5: Die Sose-Bucht auf Bornholm mit Schichten des Sose Bugt-Members der Rønne-Formation. Foto: Jens Lehmann.

7: *Ammonit Acanthopleuroceras valdani aus dem unteren Pliensbachium von Hasle. Ø ca. 35 mm. Slg & Foto: Marianne Falbe Nattestad.*

8: *Belemnit aus dem Pliensbachium (Hasle-Formation) von Bornholm mit Kratzern auf der Oberfläche, möglicherweise durch einen Räuber verursacht. Foto: Sten L. Jakobsen.*

Member). Schrägschichtung (vgl. Kapitel über die Trias) zeigen von Sturmwellen gezeichnete Bereiche an. Weiterer Meeresspiegelanstieg brachte eine deutliche Veränderung der Lithofazies und es wurden dunkle Tone abgesetzt (Galgeløkke-Member). Die Küstenlinie verlagerte sich und es sedimentierte erneut grobkörniges Material. Zeugnis dafür sind von Wellen beeinflusste Sedimentgesteine, die auch Anzeichen von Sturmaktivität erkennen lassen. Vor dem Hintergrund einer solchen Umwelt verwundert auch die generelle Fossilarmut nicht. In einigen später abgelagerten Horizonten auf Bornholm sind durchaus Ammoniten und Muscheln gefunden worden, die Schelfmeerbedingungen anzeigen. Sie fehlen jedoch in der Rønne-Formation[6]. Zusammenfassend lässt für den Jura der Sose-Bucht also ein genereller Anstieg des Meeresspiegels annehmen, wenngleich dieser auch stets von kleineren Rückschlägen begleitet war.

Bei Galgeløkken, östlich der Inselhauptstadt Rønne, sind gleichalte Abfolgen wie in der Sose-Bucht aufgeschlossen. Sie werden als Gezeiten- und Wattablagerungen gedeutet[33,34]. Die rhythmischen Wechsel im unteren Teil der Abfolge in Galgeløkken soll durch Gezeitenwechsel erfolgt sein. Man will hier sogar Lagen, welche die tägliche Verschiebungen zwischen Flut und Ebbe anzeigen, erkannt haben[37]. Im oberen Abschnitt finden sich keilförmige, schräggeschichtete Sedimentkörper, die als wandernde Sedimentbarren auf den Wattflächen oder als Prielsedimente gedeutet werden. Diese Sedimente enthalten kaum Bioturbation, was früher rätselhaft erschien. Vermutlich war jedoch das Ablagerungsgeschehen so dynamisch, dass sich keine Organismen auf den Wattflächen oder in den Prielen dauerhaft ansiedeln konnten.

Raubsaurier und Ammoniten – die Hasle-Formation

Mit der Ablagerung der Hasle-Formation, die in das Pliensbachium zu stellen ist, setzte sich der allgemeine Anstieg des Meeresspiegels während

9: Sandsteingeröll mit Muschelsteinkernen aus der Hasle-Formation, mutmaßlich unteres Pliensbachium. Hasle Vandrerhjem, Hasle. Slg. & Foto: Johannes Kalbe.

11: Ein Handstück aus der Myoconcha-Bank die durch zahlreiche Muscheln charakterisiert wird. Ein seltener Fund, da die Aufschlüsse dafür heute fehlen. Slg. & Foto: Johannes Kalbe.

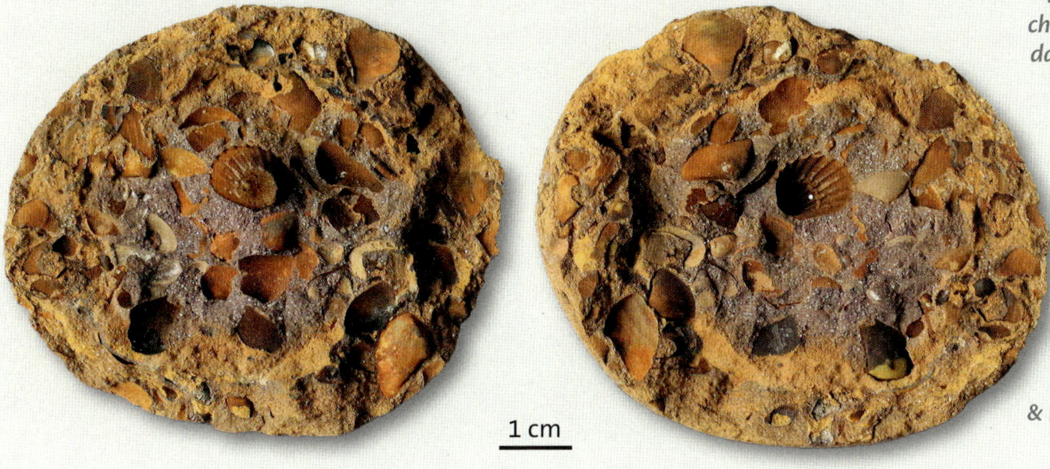

10: Limonitische Sandsteinkonkretion mit diversen Muschelresten. Pliensbachium, Hasle-Formation westlich von Sose Odde. Slg. & Foto: Johannes Kalbe.

der Rønne-Formation fort. Es kamen feinkörnige Sande und Tone zum Absatz. Auch diese Gesteine lassen sich an niedrigen Steilküsten studieren, an der namensgebenden Lokalität südlich von Hasle ebenso wie bei Korsodde und Sose Odde (3, 4). Früher wurde dieses Gestein auch in Stampe Å und in den Tongruben von Rønne abgebaut. Die Hasle-Formation besteht überwiegend aus küstennahen Ablagerungen, was durch einige schräggeschichtete Sandsteine belegt wird. Vor einigen Jahren wurden dreizehige Abdrücke von Raubsauriern gefunden, die zwar lose aufgesammelt wurden, aber der Hasle-Formation eindeutig zuzuordnen waren[23]. Einen deutlicheren Hinweis auf Landnähe kann es kaum geben. Dass die Küste unweit des Ablagerungsorts lag, wurde durch die Rønne-Verwerfung bestimmt, die ein paar Kilometer landeinwärts, parallel zur Westküste Bornholms, verlief.

Funde mariner Invertebraten sind in der Hasle-Formation häufiger als in der Rønne-Formation. Neben Ammoniten, Belemniten und Muscheln gibt es auch Schnecken zu finden (7–10). Die seit langem bekannte *Myoconcha*-Bank[18] ist ein Tonstein, der massenhaft Schalen der gleichnamigen, kleinwüchsigen Muschel enthält (11). Aus rötlich gefärbten Toneisensteinen liegen teils schöne Exemplare der Flügelmuschel *Oxytoma* vor (12). Natürlich lassen sich mit Geduld auch eine Reihe anderer Fossilgruppen nachweisen. Kürzlich kam eine neue Art von Kalkröhrenwürmern hinzu, die kurioserweise nach dem Rockmusiker Alice Cooper als *Serpula*? *alicecooperi* benannt wurde[16].

Die schönsten Ammonitenfunde stammen aus den ehemaligen Tongruben von Rønne (13, 14). Ihre Bearbeitung einschließlich der Revision früherer Arbeiten erfolgte vor fast einem Vierteljahrhundert[6]. Es konnten neun Gattungen und elf Arten nachgewiesen werden, die einzigen Ammoniten überhaupt aus dem Jura Bornholms. Aus derselben Tongrube stammt der Fund von heute verschollenen Krabbenfunden, nach denen bereits vor vielen Jahren in FOSSILIEN gefahndet wurde[31,32]. Sie sind deshalb

12: Flügelmuschel Oxytoma inaequivalvis (Sowerby) aus der Hasle-Formation, Pliensbachium. Slg. & Foto: Marianne Falbe Nattestad.

13: Ein Acanthopleuroceras in Pyriterhaltung, offenbar erste Anzeichen des Zerfalls zeigend. Sammlung des Bornholms Museum in Rønne. Foto: Marianne Falbe Nattestad.

von besonderer Bedeutung, da sie möglicherweise die frühesten Vertreter der modernen Krabben, der Eubrachyura, sind. Leider konnten diese Fossilien aber trotz intensiver Nachforschungen nicht mehr aufgefunden werden und Nachschub kann es aus den aufgelassenen, mit Wasser vollgelaufenen Gruben keinen mehr geben.

Noch spannender mag der Fossiliensammler Zähne und Knochenfragmente von Fischen und marinen Reptilien finden. Hierunter sind die Zahnplatten von Seekatzen oder Chimären besonders bemerkenswert[7]. Auch eine recht diverse Haifauna ist aus der Hasle-Formation bekannt. Sie enthält drei hybodontide und drei zu den Neoselachiern gehörende Arten[30]. Besonders beliebt sind vor allem die Reste von Plesiosauriern, die mitunter aus den Küstenkliffs herauswittern (15, 16). Auch wenn es sich bei den Plesiosaurierfossilien ausschließlich um isolierte Knochenfunde handelt, so sind diese wissenschaftlich durchaus sehr interessant, da nach einer Hypothese („Pliensbachian gap“) aus dem Zeitabschnitt des Pliensbachiums nur relativ wenige Plesiosaurierreste bekannt sind[35]. Möglicherweise ist dies aber eher eine subjektive Einschät-

14: Die historische Ammonitensammlung des Geologen C. Malling aus dem Lias von Rønne auf Bornholm, heute in der Sammlung des Bornholms Museum in Rønne. Heute sind solche Funde nicht mehr möglich. Foto: Marianne Falbe Nattestad.

zung der Verhältnisse, wie der Lias-Spezialist Sönke Simonsen vermutet, der selbst schon mehrere Plesiosaurierreste in dieser Stufe gefunden hat. Von der Insel Bornholm sind Plesiosaurier-Fossilien jedenfalls schon lange aus diesem Zeitabschnitt bekannt[17].

Bereits erwähnt wurden die Spuren sehr kleinwüchsiger Raubsaurier; in jüngster Zeit wurden jedoch sogar Reste von Landdinosauriern aus der Hasle-Formation beschrieben[22]. Auch dieser Fund erwies sich als überregional interessant, da es sich dabei um Turiasauria handelt. Turiasauria sind eine Gruppe früher sauropoder Dinosaurier, die zuvor nur aus dem Zeitintervall vom Mitteljura (Bathonium) bis zur Unterkreide (Valanginium) bekannt waren. Der Fund einer Zahnkrone aus der Hasle-Formation verlegt den Ursprung der Turiasauria etwa 17 Millionen Jahre zurück. Damit kann man die geographische Herkunft der Gruppe der Turiasauria im nördlichen Pangaea/Nordamerika vermuten. Der eher unscheinbare Fund ist daneben auch der erste Nachweis eines Sauropoden aus dem Pliensbachium in Europa!

Neben tierischen Fossilien sind in der marinen Hasle-Formation auch pflanzliche Reste zu finden. Neben Pflanzenhäcksel (17) handelt es sich um inkohlte Treibhölzer, die mitunter Anbohrungen von Muscheln enthalten[25].

Sorthat-Formation

Am Ende der frühen Jurazeit begann der Meeresspiegel im Bereich des heutigen Dänemarks erneut zu sinken und es wurden wieder vor allem sandige Sedimente abgelagert. Auf Bornholm kann man diese Entwicklung besonders gut sehen, denn auf die Meeressedimente der Hasle-Formation folgt mit der Sorthat-Formation erneut ein terrestrisches Sediment. In ihren Sandsteinen und Tonsteinen finden sich Lagen mit Kohle und Wurzelhorizonten, was eine Rekonstruktion der Paläoumwelt aus Flussauen mit flachen Seen und Sümpfen erlaubt. Die Sorthat-Formation hat jedoch viele Gesichter und so gehören auch Lagunensedimente und Küstensedimente zu ihren Hinterlassenschaften. In den Lagunen findet sich eine relativ reiche Spurenfossilfauna mit *Diplocraterion*, *Planolites* und *Teichichnus*; in den Küstensedimenten fehlt *Diplocraterion*[37]. Eine marine Einschaltung innerhalb der Sorthat-Formation lieferte sogar eine Spurenfauna von 15 Arten[3]. Die Autoren der Studie über diese Fossilien betonen jedoch den geringen Grad der Durchwühlung des Sediments und sehen diese Artenzahl noch als gering an. Sie vermuten Salzgehaltsschwankungen in einem tidenbeeinflussten Delta als Ursache der geringen Diversität.

Die Sorthat-Formation reicht stratigraphisch noch bis in den frühen Mittleren Jura, während zentrale Bereiche der Nordsee, das Ringkøbing-Fünen-Hoch, das Dänische Becken und nicht zuletzt auch Bornholm gehoben wurde. Diese Hebungsgeschichte lässt sich im weiteren Verlauf des Juras von Bornholm sehr gut nachvollziehen. Im Verlauf des Mittleren Juras sind zunächst die Sedimente der Bagå-Formation aussagekräftig, dann die ausgedehnte Schichtlücke in der Sedimentabfolge der Insel.

15: Plesiosaurier-Rippe mit zahlreichen kleinen Pyritkonkretionen aus dem Pliensbachium der Hasle-Formation. Foto: Sten L. Jakobsen.

16: Plesiosaurier-Wirbel aus dem Pliensbachium der Hasle-Formation. Foto: Sten L. Jakobsen.

17: Pflanzenreste in einem konglomeratischen Sandstein. Stampen, unteres Pliensbachium. Slg. & Foto: Johannes Kalbe.

Die Bagå-Formation

Die Bagå-Formation ist erneut eine festländische Ablagerung. Stratigraphisch gehört sie in den Mitteljura und reicht vom Aalenium bis in das Bathonium[37]. Sie enthält eine bunte Mischung, darunter toniges Auensediment, eine Abfolge mit Kohlelagen, als auch grobe Kiese, die als Flussfracht zu deuten sind. In einer großen Tongrube zwischen Hasle und Rønne sind Seismite erkennbar, also von Erdbeben beeinflusste Ablagerungen. Zwischen chaotisch gelagertem dunklen Tonstein, weißen Sanden und Kohle finden sich verwitterte Granitblöcke. Die Granite verwitterten im feuchten und heißen Klima der Jurazeit. Die Feldspäte des Granits wandelten sich in das Tonmineral Kaolinit um und es entstand Kaolin, auch Porzellanerde genannt (näheres dazu siehe auch FOSSILIEN 2/2025: 36-46).

Doch mit welchem Szenario lässt sich diese bunte Abfolge einordnen? Der Rønne-Graben war von einer ausgedehnten Überschwemmungsebene mit Seen und Sümpfen bedeckt. Flüsse auf den höher gelegenen Gebieten östlich der Rønne-Verwerfung durchbrachen episodisch diese Idylle. Dies mag besonders bei Starkregenereignissen der Fall gewesen sein oder wenn sich das Wasser aufgestauter Flussschleifen durch Dammbrüche seinen Weg gesucht hat. Die erwähnten Granite stammen ebenfalls aus dem Gebiet östlich der Rønne-Verwerfung. Die Spannungen der Verwerfung entluden sich von Zeit zu Zeit als Erdbeben und der Schwerkraft folgend, flossen die Granite und ihr Verwitterungsprodukt, der Kaolinit, als Schuttstrom nach Westen[37]. Die Flussauen westlich der Verwerfung, die wir heute als Bagå-Formation kennen, waren daher einem sehr dynamischen Sedimentationsgeschehen unterworfen. Vor allem auch die Pflanzenwelt musste diesen Lebensraum daher ständig neu erobern. Früher wurden die Bagå-Formation und die Sorthat-Formation zusammengefasst[4,8]. Das besondere Ablagerungsmuster der Bagå-Formation rechtfertigt jedoch eindeutig die heutige Abtrennung der Sorthat-Formation als separate Einheit[20,37].

Der Fossilinhalt der Bagå-Formation wurde bereits vor vielen Jahren in FOSSILIEN näher dargestellt[27,29]. Zwar wird bereits in diesem Beitrag auf die deutlich schlechter gewordenen Aufschlussverhältnisse hingewiesen, dennoch lassen sich entlang der West- und Südküste Bornholms nicht nur Kohlestücke aufsammeln, sondern auch Konkretionen mit deutlich erkennbaren Pflanzenresten. Früher war die ehemalige Tongrube der Hasle-Klinkerfabrik zwischen Rønne und Hasle für Pflanzenfossilien besonders ergiebig. Sie liegt in der Nähe von Sorthat und ist die Typuslokalität der Bagå-Formation. Seit gut 20 Jahren ist diese Grube vollständig geflutet. An der westlich der ehemaligen Grube gelegenen Ostseeküste wurde jedoch der Abraum des Abbaus abgekippt. Hier lassen sich noch heute Pflanzenfossilien auf sekundärer Lagerstätte bergen und sogar Bernstein finden[26] (18). Neben Holzstücken und sonstigen unbestimmten Pflanzenteilen finden sich hier unter anderem *Podozamites*-Blätter, Farne, Ginkgogewächse, Cycadeen und Koniferen sowie Fruktifikationen, von denen hier eine kleine Auswahl vorgestellt wird (19–22)[24,27,29]. Diese Bornholmer Jura-Flora wurde vor ein paar Jahren anhand der historischen Sammlung an der Universität Lund in Schweden wissenschaftlich revidiert[19]. Eine Besonderheit der Bagå-Formation sind die Trittsiegel von Dinosauriern. Auch sie wurden in Gesteinsmaterial gefunden, die aus einer heute gefluteten Tongrube entsorgt wurden. Es handelt sich um Sandsteinblöcke, deren genauer Horizont unbekannt ist. Palynologische Untersuchungen bestätigen jedoch, dass die Sandsteinblöcke aus der Bagå-Formation stammen. Es wurden zwei Exemplare gefunden, eines mit zwei Fußabdrücken eines Sauropoden mit einer Fußlänge von 68 cm und ein kleiner fünfzehiger Fußabdruck mit einer Länge von 26 cm, der als von einem gepanzerten Dinosaurier stammend interpretiert wird[21]. Es handelte sich um die ersten Fußabdrücke von Dinosauriern, die überhaupt in Dänemark gefunden wurden – erst danach wurden Spuren in der Rønne-Formation entdeckt[5].

Die große Lücke

Einleitend berichtete ich schon über den Meeresspiegelabfall ab dem späten Mitteljura und die damit verbundene Schichtlücke auf Bornholm. Diese umfasst den größten Teil der späten Jurazeit, aber erst wenn man sich das absolute Alter dieser Lücke anhand der Zahlen in der internationalen chronostratigraphischen Tabelle klar macht, wird ihre Dimension deutlich[13]. Auf Bornholm wurde fast 20 Millionen Jahre lang kein Sediment abgelagert. Die jüngsten Jura-Sedimente Bornholms gehören zur Rabekke-Formation. Da diese aber zum größten Teil in die Kreidezeit datiert, wird sie erst im folgenden Kapitel behandelt.

Dank: Sten L. Jakobsen (Faxe), Prof. Dr. Jochen Kuss (Bremen), Dr. Johannes Kalbe (Güstrow), Sebastian Mantei (Bentwisch) und Marianne Falbe Nattestad (Muleby, Bornholm) danke ich für die Bereitstellung von Fotos.

18: Bernstein aus dem Abraum der ehemaligen Tongruben zwischen Rønne und Hasle, gefunden am Strand in Bagå. Slg. & Foto: Johannes Kalbe.

19: Der Farn Eboracia lobifolia gehört zu den häufigsten fossilen Pflanzenarten. Höhe des längsten Farnblatts etwa 50 mm. Sorthat, Bornholm. Slg. & Foto: Sebastian Mantei.

21: Unbestimmter Koniferenzapfen, Höhe etwa 15 mm. Sorthat, Bornholm. Slg. & Foto: Sebastian Mantei.

20: Ein fossiler Farn (Eboracia lobifolia) direkt nach dem Fund am Strand bei Sorthat, von der Ostsee aufgearbeitetes Material der ehemaligen Tongrube der Hasle-Klinkerfabrik. Länge des Farns 32 mm. Foto: Sebastian Mantei.

22: Ein Gymnospermen-Rest, genauer der Samenfarn Sagenopteris sp. Zwei der typischerweise vier Blätter pro Pflanze. Länge des linken Blatts: 29 mm. Slg. & Foto: Sebastian Mantei.

Literatur zum Thema

[1] Bonde, N. (2012): Danish dinosaurs: a review. In: Godefroit, P. (Hrsg.): Bernissart dinosaurs and Early Cretaceous terrestrial ecosystems, S. 434–451. Indiana University Press, Bloomington.

[2] Bromley, R. G., S. L. Jakobsen & L. H. Vallon (2014): Jurassische Quallen auch auf Bornhom. Fossilien 31(4): 8–11.

[3] Bromley, R. G. & A. Uchman (2003): Trace fossils from the Lower and Middle Jurassic marginal marine deposits of the Sorthat Formation, Bornholm, Denmark. Bull. Geol. Soc. Denmark 52: 185–208.

[4] Butzbach, J. (2000): 1700 Millionen Jahre Bornholm. William Dams Boghandel, Rønne.

[5] Clemmensen, L. B., J. Milàn, G. K. Pedersen, A. B. Johannesen & C. Larsen (2014): Dinosaur tracks in Lower Jurassic coastal plain sediments (Sose Bugt Member, Rønne Formation) on Bornholm, Denmark. Lethaia 47(4): 485–493.

[6] Donovan, D. T. & F. Surlyk (2003): Lower Jurassic (Pliensbachian) ammonites from Bornholm, Baltic Sea, Denmark. Bull. Geol. Soc. Denmark 1: 555–583.

[7] Duffin, C. J. & J. Milàn (2022): Further holocephalian remains from the Hasle Formation (Early Jurassic) of Denmark. Bull. Geol. Soc. Denmark 70: 139–149.

[8] Gravesen, P. (1996): Geologisk set. Bornholm. En beskrivelse af områder af national geologisk interesse. Geografforlaget, Brenderup.

[9] Gravesen, P., F. Rolle & F. Surlyk (1982): Lithostratigraphy and sedimentary evolution of the Triassic, Jurassic and Lower Cretaceous of Bornholm, Denmark. Danm. Geol. Unders 7: 1–51.

[10] Harris, R., R. McCall, O. Randall, M. H. Bin Tawang, R. Williams, J. G. Fairman & D. M. Schultz (2017): Climate change during the Triassic and Jurassic. Geology Today 33(6): 210–215.

[11] Hesselbo, S. P., J. G. Ogg, M. Ruhl, L. A. Hinnov & C. J. Huang (2020): Chapter 26 – The Jurassic Period. In: Gradstein, F. M. et al. (Hrsg.): Geologic Time Scale 2020, S. 955–1021. Elsevier, Amsterdam.

[12] Immenhauser, A. (2005): High-rate sea-level change during the Mesozoic: New approaches to an old problem. Sediment. Geology 175(1-4): 277–296.

[13] International Commission on Stratigraphy (2024): International Chronostratigraphic Chart, https://stratigraphy.org/chart, abgerufen am 16.01.2025.

[14] Johannessen, P. N., P. Gravesen & L. H. Nielsen (1997): Mesozoic depositional environments and stratigraphy. Field trip guidebook, Bornholm, Denmark. GEUS, Geological Survey of Denmark and Greenland, Ministry of Environment and Energy.

[15] Kear, B. P., J. Lindgren, J. H. Hurum, J. Milàn & V. Vajda (2016): An introduction to the Mesozoic biotas of Scandinavia and its Arctic territories. In: Kear, B. P. et al. (Hrsg.): Mesozoic Biotas of Scandinavia and its Arctic Territories, S. 1–14. Geol. Soc., London, Spec. Publ. 434. Geological Society, London.

[16] Kočí, T., J. Milan, S. L. Jakobsen & A. R. Bashforth (2024): Serpula? alicecooperi sp. nov. – a new serpulid from the Lower Jurassic (Pliensbachian) Hasle Formation of Bornholm, Denmark. Bull. Geol. Soc. Denmark 73: 41–56.

[17] Malling, C. (1911): Hasle-Sandstenens alder. Meddelelser fra Dansk Geologisk Forening 3: 629–631.

[18] Malling, C. & K. A. Grönwall (1912): En fauna i Bornholms Lias. GFF 34(3): 366–367.

[19] Mehlqvist, K., V. Vajda & L. M. Larsson (2009): A Jurassic (Pliensbachian) flora from Bornholm, Denmark – a study of a historic plant-fossil collection at Lund University, Sweden. GFF 131(1–2): 137–146.

[20] Michelsen, O., L. H. Nielsen, P. N. Johannessen, J. Andsbjerg & F. Surlyk (2003): Jurassic lithostratigraphy and stratigraphic development onshore and offshore Denmark. GEUS Bulletin 1: 145–216.

[21] Milán, J. & R. G. Bromley (2005): Dinosaur footprints from the Middle Jurassic Bagå Formation, Bornholm, Denmark. Bull. Geol. Soc. Denmark 52: 7–15.

[22] Milàn, J. & O. Mateus (2024): A turiasaurian (Dinosauria, Sauropoda) tooth from the Pliensbachian Hasle Formation of Bornholm, Denmark, shows an Early Jurassic origin of the Turiasauria. Diversity 16(1): 12.

[23] Milàn, J. & F. Surlyk (2015): An enigmatic, diminutive theropod footprint in the shallow marine Pliensbachian Hasle Formation, Bornholm, Denmark. Lethaia 48(4): 429–435.

[24] Neuwald, H. K. (2003): Ginkgophyten von der Insel Bornholm. Fossilien 20(4): 201–202.

[25] Neuwald, H. K. (2005): Bornholmer Jurakohle. Fossilien 22(3): 138–139.

[26] Neuwald, H. K. (2005): Fossiles Harz aus dem Bornholmer Jura. Fossilien 22(4): 223–226.

[27] Neuwald, H. K. (2005): Jurapflanzen sammeln auf Bornholm. Fossilien 22(3): 163–168.

[28] Neuwald, H. K. (2006): Saurierfährten im Museum „Naturbornholm". Fossilien 23(3): 135.

[29] Neuwald, H. K. (2008): Samen sammeln auf Bornholm. Fossilien 25(2): 113–114.

[30] Rees, J. (1998): Early Jurassic selachians from the Hasle Formation on Bornholm, Denmark. Acta Palaeont. Polon. 43(3): 439–452.

[31] Schweigert, G. (2012): Verschollene Lias-Krabben von Bornholm – ein Paläokrimi (noch) ohne Happyend. Fossilien 29(5): 301–304.

[32] Schweigert, G. (2013): Echo zu den verschollenen Lias-Krabben aus Bornholm (FOSSILIEN 5/2012). Fossilien 30(2): 73.

[33] Sellwood, B. W. (1972): Tidal-flat sedimentation in the Lower Jurassic of Bornholm, Denmark. Palaeogeogr., Palaeoclimatol., Palaeoecol. 11(2): 93–106.

[34] Sellwood, B. W. (1975): Lower Jurassic tidal-flat deposits, Bornholm, Denmark. In: Ginsburg, R. N. (Hrsg.): Tidal deposits casebook of recent examples and fossil counterparts, S. 93–01. Springer-Verlag, Berlin & Heidelberg.

[35] Smith, A. S. (2008): Plesiosaurs from the Pliensbachian (Lower Jurassic) of Bornholm, Denmark. J. Vertebr. Paleont. 28(4): 1213–1217.

[36] Sorgenfrei, T. (1962): Jura und Unterkreide in Dänemark. Z. Dtsch. Geol. Ges. 114: 446–451.

[37] Surlyk, F. (2006): Fra ørkener til varme have. In: Larsen, G. (Hrsg.): Naturen i Danmark: Geologien, S. 139–180. Gyldendal, Kopenhagen.

[38] Vajda, V. & J. Wigforss-Lange (2009): Onshore Jurassic of Scandinavia and related areas. GFF 131(1–2): 5–23.

Jens Lehmann

Zwischen Festland und Meer: Die Kreidezeit auf Bornholm

Die Sedimentgesteine der Kreidezeit auf Bornholm könnten unterschiedlicher fast nicht sein. Das Spektrum reicht von kontinentalen Ton- und Sandsteinen der frühesten Kreide mit Dinosaurierresten über verschiedene Grünsandsteine des Flachmeerbereichs mit Ammoniten, Belemniten und Seeigeln bis hin zu einer von Schwämmen dominierten Schreibkreidefazies (1). Diese verschiedenen Faziesräume und diversen Fossilien dürfen jedoch nicht über eine erhebliche Anzahl von stratigraphischen Lücken hinwegtäuschen. Auch für die Kreidezeit gilt, was für manches andere erdgeschichtliche System auf Bornholm gilt: in vielen Formationsgrenzen sind lange geologische Zeiträume versteckt. Nach aktueller geologischer Zeitskala[12] hatte die Kreidezeit eine Dauer von 79 Millionen Jahren. Nur etwas mehr als ein Viertel davon ist durch Sedimentgesteine auf Bornholm nachzuweisen.

Der in den vorherigen Kapiteln erwähnte Zerfall von Pangäa verstärkte sich in der Kreidezeit unter anderem durch die Öffnung des Atlantiks. Im Pazifik kam es vor allem in der mittleren Kreidezeit zu starken untermeerischen Vulkanausbrüchen, die einerseits durch das Volumen des Basaltgesteins das Wasser verdrängten und andererseits große Mengen an Kohlendioxid freisetzten, die das zigfache des heutigen Werts erreicht haben dürften. In der Folge war die Kreidezeit durch einen sehr hohen Meeresspiegel und ein extremes Treibhausklima gekennzeichnet. Vermutlich waren die Pole nicht vereist. Der Anstieg des Meeresspiegels im Verlauf der Kreidezeit lässt sich auch an den Sedimentgesteinen Bornholm sehr gut ablesen. Während die frühe Kreidezeit noch deutliche Ähnlichkeiten mit den jurazeitlichen Gesteinen aufweist, ändert sich das Bild mit Beginn der Späten Kreide und die Abfolge wurde deutlich karbonatischer.

Ton, Sand und Dinosaurier

Die älteste Kreideformation auf Bornholm ist die Rabække-Formation, die vor allem im Südwesten der Insel ausstreicht (2). In Bezug auf das geologische Alter wird sie in das untere Berriasium, also die früheste Kreide, gestellt[39]. Ihr Beginn liegt möglicherweise aber auch noch im spätesten Jura[18]. Es handelt sich hauptsächlich um Sedimente aus Seen und Flüssen (3). Aufschlüsse aus der frühesten Kreide finden sich in der Bucht von Arnager. Die Basis der Rabække-Formation besteht aus einer

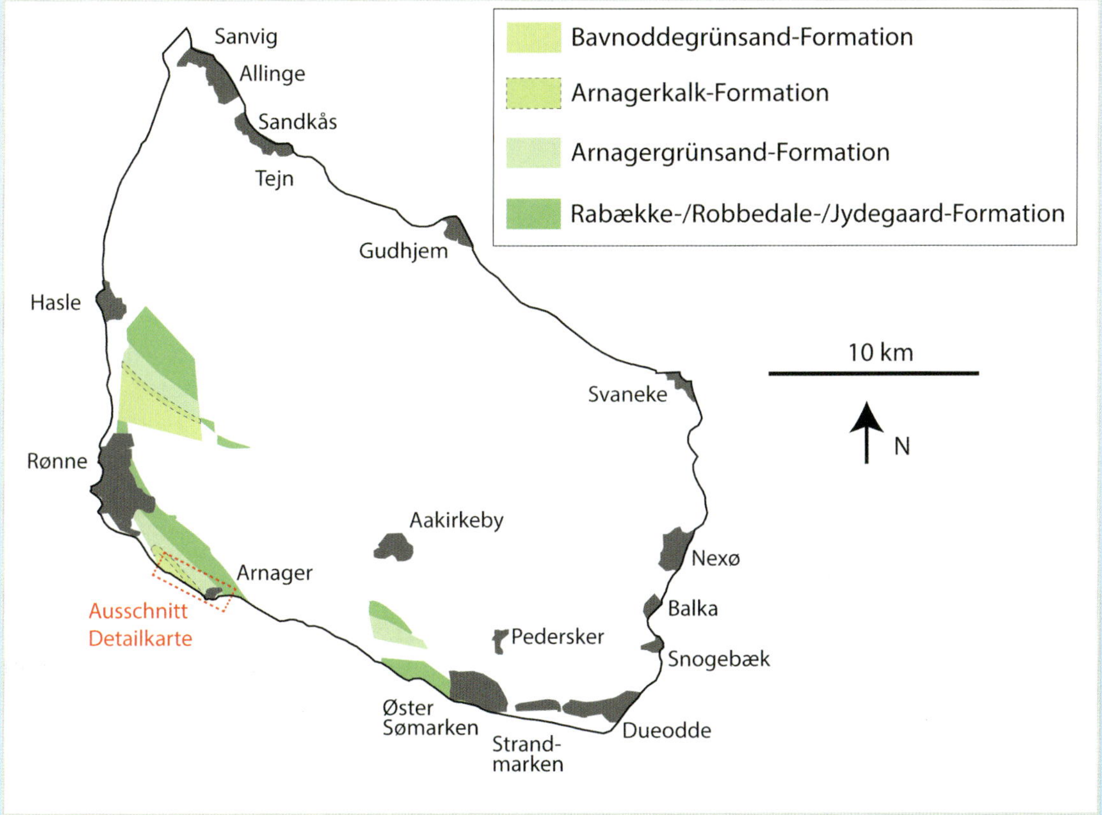

2: Karte der Verbreitung der Kreide auf Bornholm und Position der Detailkarte des Arnager-Gebiets. Ausschnitt der Detailkarte siehe Abb. 5.

1: Die Arnagerkalk-Formation; die Typuslokalität ist an der Steilküste bei Arnager gut aufgeschlossen.

Landoberfläche mit dem Schutt verwitterter Granite und Gneise. Der Übergang zu einer tonigen Fazies erfolgte allmählich und ohne scharfe Grenze. In den Tonen finden sich diverse Pflanzenfossilien, auch Ginkgo-Blätter und Bennettiteen. Mikropaläobotanische Untersuchungen haben 15 verschiedene Megasporen nachgewiesen[18]. In fossilem Holz aus der Rabække-Formation (Skyttegård-Member, dem Berriasium zugeordnet) wurde eine bislang einmalige Insektenbohrung entdeckt, die keinerlei Ähnlichkeit mit heutigen oder auch sonstigen fossilen Holzbohrungen zeigt[24]. Die Spur wird einem weiblichen, pilzzüchtenden Käfer zugeordnet. An Wirbeltieren wurden Zähne und Knochen von drei Krokodilverwandten gefunden: *Bernissartia*, *Theriosuchus* und *Goniopholis*[36]. Wissenschaftlich ist das nicht besonders wichtig, denn diese Taxa sind von einer ganzen Reihe anderer, ähnlich alter europäischer Fundstellen bekannt. Insgesamt sind Nachweise von Wirbeltieren jedoch eine Ausnahme und so ist ein vor gut 20 Jahren nachgewiesener „Trampelplatz" etwas Besonderes. In einem Abschnitt des Skyttegård-Members sind an einem flachen Küstenprofil senkrechte bis schräg eingetretene Fußabdrücke erkennbar[39]. Da diese Schichten sehr pyritreich sind, darf man davon ausgehen, dass sie trotz der offensichtlichen Ablagerung auf dem Festland sehr küstennah entstanden. Ihre Größe, durchschnittlich 43 cm breit, aber bis zu 1 m Breite erreichend, weist sie eindeutig als Dinosaurierspuren aus. Sie entstanden an der Grenze zwischen hellgrauem, strukturlosen Flusssand und dunkelbraunem, organisch-reichem Seesediment. Die Größe und Form weist auf Sauropoden, also Elefantenfuß-Dinosaurier hin[39]. Dieselbe Fundstelle lieferte darüber hinaus auch Reste von Schildkröten, Amphibien, primitiven Eidechsen und Fischreste[38]. Das Skyttegård-Member ist auf Bornholm besonders fundhöffig, was Dinosaurier angeht; auch Zahnkronen von kleinen maniraptoriden Raubsauriern wurden hier schon gefunden. Sie konnten jedoch nicht genauer als Dromaeosauridae incertae sedis und Maniraptora incertae sedis bestimmt wer-

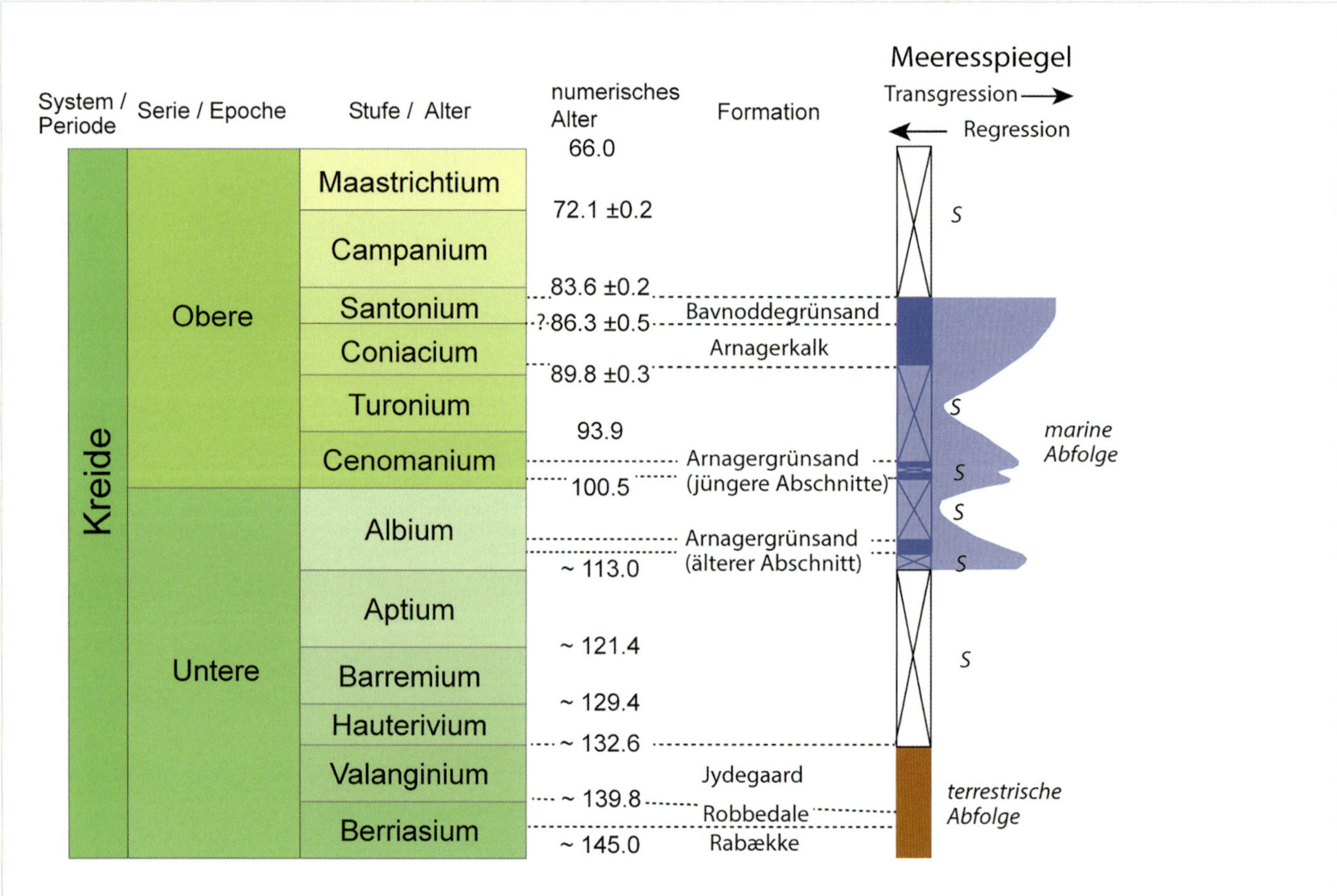

3: Abfolge der Kreidezeit auf Bornholm, dargestellt in der internationalen chronostratigraphischen Tabelle[12]. S=Schichtlücke. Meeresspiegelkurve basierend auf Christensen (1984)[4], unter Berücksichtigung der revidierten Basis des Coniaciums, die später nach oben verschoben wurde[7], und der minimal nach unten verschobenen Santoniumbasis[19]. Alter der Formationsgrenzen der tiefen Kreide nach diverser Literatur[2,11,18,28]. Überlieferte Sedimente (dunkelblau) nach Christensen (1984)[4], mit revidierten Reichweiten: Albium nach Lehmann et al. (2013)[21], Oberkreide nach Kennedy & Christensen (1991)[15].

4: Steinkerne von Süßwasserschnecken aus der Carl Nielsens Sandgrube, Jydegaard-Formation. Foto: Johannes Kalbe.

den[22]. Diese Zähne sind sehr klein, ebenso wie der Zahn des ersten nachgewiesenen mesozoischen Säugetiers aus Skandinavien[23]. Auch wenn letzterer ein isolierter Einzelfund ist, kann man ihn der Gattung *Sunnyodon* zuordnen, die zuvor nur aus der Purbeck-limestone-Formation von Südengland bekannt war. Der ältesten Kreide auf Bornholm kommt hinsichtlich der Wirbeltierfossilien eine besondere Bedeutung zu, wie auch Bonde zusammenfasst[1]. Jedoch ist nicht nur das Skyttegård-Member der Rabække-Formation dinosaurierhöffig, sondern auch die darauffolgenden Einheiten der Robbedale- und der Jydegaard-Formation.

Energiereiche Küste

Die Robbedale- und die Jydegaard-Formation bilden zusammen eine 100 m mächtige, senkrechte Abfolge von Sanden an einer energiereichen Küste, über Sande und Tone der seeabgewandten Barrieren mit ihren flachen Gewässern am Rand der Bucht (Robbedale-Formation), sowie den dahinter liegenden Schwemmfächern, die Sande und Tone in Lagunen ablagerten (Jydegård-Formation)[27]. Auch die dahinter in Richtung Landesinnere anschließenden fluviatilen Sande sind noch durch dieser Abfolge repräsentiert. Bemerkenswert ist die enorme Langlebigkeit der Barrieren über mehr als 10 Millionen Jahre und die Mächtigkeit der Buchtabfolgen von 100 m. Zusammen mit der scheinbaren Stapelung der Faziesgürtel darf damit eine relativ stationäre Position der einzelnen Faziesräume über längere geologische Zeit angenommen werden. Die Robedale-Formation wird in das höhere Berriasium bis untere Valanginium eingeordnet, die Jydegård-Formation in das Valanginium. Die Grenze zwischen

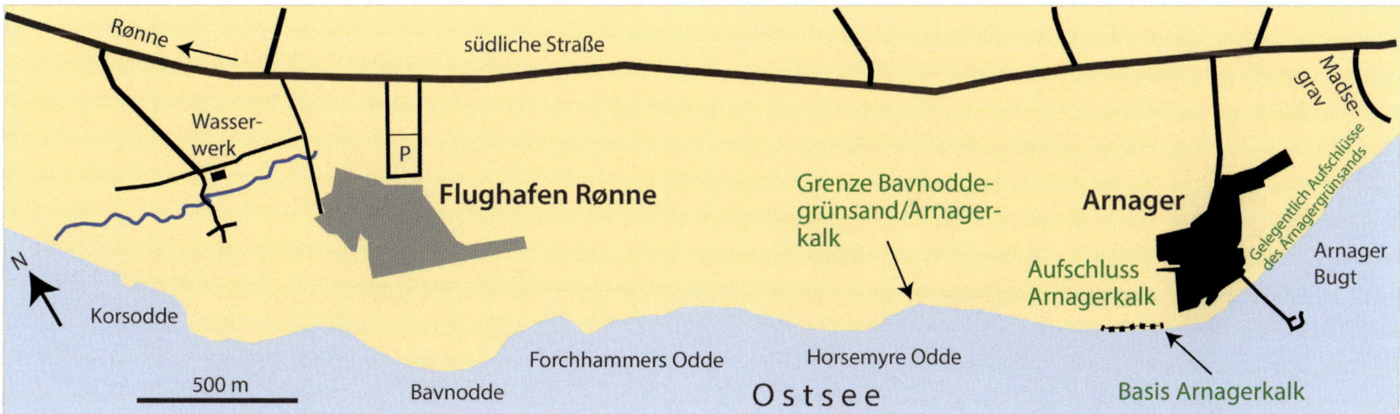

5: Detailkarte der Kreidelokalitäten bei Arnager, verändert nach Tröger & Christensen[40].

beiden Formationen verläuft asynchron, d. h. je nach geographischer Lage hat sie ein unterschiedliches Alter[38]. Doch wie war dies möglich? Vermutlich sank dieser Sedimentationsraum nicht ab, sondern wurde während der Ablagerung langsam durch die tektonischen Bewegungen an der Tornquist-Zone gehoben und lag somit oberhalb des Gezeitenbereichs. Das erklärt auch das Fehlen von Gezeitenablagerungen

6: Phosphorite als Gerölle im Sandstein, in rezenten Geröllen am Strand von Madsegrav.

7: Die ehemalige Phosphatmine von Madsegrav. Heute erinnern nur noch ein paar Betonreste und eine Gedenktafel an den Abbau.

in den beiden Formationen[27]. In der Bucht stellten sich häufig sauerstoffarme Bedingungen im Süß- bis Brackwasser ein (Jydegård-Formation). Unter solch lebensfeindlichen Bedingungen vergifteten vielleicht Blüten von Dinoflagellaten das Gewässer – dies wäre zumindest eine Erklärung für das Massensterben von Muscheln der Gattung *Neomiodon*. Das Trockenfallen kleinerer Wasserflächen am Rand der Bucht mag dann zu Massensterben von Süßwasserschnecken geführt haben (4). Übergeordnet dürfte noch Materialtransport vor der Küste Barrieren aus Deltasanden aufgetürmt haben, die nur bei schweren Stürmen durchbrochen wurden. Auf diese Weise gelangten große Mengen an Sediment in den landseitigen Teil der Barrieren und lagerten sich dort ab. Für die Mollusken der Lagune war auch dies eine Katastrophe und zerstörte ihren Lebensraum. Dennoch sind noch weitere Faunenelemente fossil nachweisbar. Neben kleinen Conchostracen (*Estheria*) sind Muschelkrebse nicht selten. An Wirbeltierfossilien wurden Knochen von Schildkröten, Krokodilen und Reste von Fischen „*Lepidotes*" sowie Flossenstacheln des Süßwasserhais *Hybodus* gefunden[38]. Auch dieser über lange Zeiträume insgesamt sehr sta-

8: Rasterelektronenmikroskopische Aufnahme des Arnagerkalks, die zeigt, dass das Gestein aus zahlreichen Coccolithen aufgebaut wird. Foto: Olaf Elicki.

bile Lebensraum wurde natürlich von Dinosauriern bewohnt[1]. Bonde und Christiansen beschrieben aus der basalen Jydegaard-Formation von Robbendale eine isolierte Zahnkrone eines Dromaeosauriden, der nach seiner Fundregion passend *Dromaeosauroides bornholmensis* genannt wurde[2].

An Spurenfossilien enthält die Robbedale-Formation sieben verschiedene Taxa, unter anderem die bekannten mußmaßlichen Krebsbaue *Ophiomorpha* und *Thalassinoides*[25].

Bereits Koch[17] berichtete in FOSSILIEN unter anderem auch über die terrestrische Unterkreide auf Bornholm. Die Forschung ging jedoch weiter und so sind die hier zusammengefassten sedimentologischen als auch die genannten paläontologischen Erkenntnisse erst danach gewonnen worden.

Wie unterscheide ich die Formationen?

Die Robbedale-Formation wurde rund um eine Barriereinsel abgelagert und die Jydegård-Formation ist als Tonschlamm einer Lagune zwischen Barriere und dem Festland zu interpretieren. Die Robbedale-Formation ist bis zu 40 m mächtig und besteht aus reinem, groben Quarzsand, der sehr häufig das Spurenfossil *Ophiomorpha* enthält. Diese verzweigten, mutmaßlichen Krebsgänge bestehen typischerweise aus einer Wand mit verklebten Kotpillen aus Sand, was der Oberfläche ein Netzmuster aus Kreisen verleiht. An der Arnager-Bucht, östlich von Madsegrav, kann man gelegentlich Erosionsflächen mit *Ophiomorpha*-Bauen entdecken, die teilweise während der Ablagerung gekappt wurden[38]. Früher war die Formation in großen Sandgruben östlich von Rønne noch besser aufgeschlossen. In Richtung Norden nimmt die Mächtigkeit der Robbedale-Formation ab; hier geht sie in die tonige Jydegård-Formation über, die bis zu 110 m mächtig ist. Die Unterscheidung der Formationen ist demnach aufgrund des unterschiedlichen Gesteins und basierend auf dem Spurenfossil *Ophiomorpha* einfach.

Eine Schichtlücke und die große Kreidetransgression

Wie bisher skizziert, kennen wir an kreidezeitlichen Sedimenten aus Bornholm bis zum Ende des Valanginiums festländische, sehr küstennahe Ablagerungen. Danach ist ein langer Zeitraum von mehr als 20 Millionen Jahren, vom Hauterivium bis in das Albium, nicht durch Sedimentgesteine repräsentiert. Diese Schichtlücke ist auf eine Phase der Ausdehnung zurückzuführen, als entlang der Sorgenfrei-Tornquist-Zone erneut Rifting (Grabenbildung) stattfand. Die sich ausdehnenden Becken mit ihren Grabenfüllun-

9: Blick auf den Westrand von Arnager mit dem Arnager Klint, dahinter folgt Bavnodde.

10: Das Steilufer von Arnager mit dem Arnagergrünsand unten und darüber dem Arnagerkalk.

gen begannen sich bereits im Frühen Perm zu bilden was gegen Ende der Frühen Kreide endete. Die Sedimente der späteren Unterkreide, ab dem Hauterivium, wurden jedoch erodiert[8,13,41]. Nur marine Sedimente des Albiums lassen sich noch nachweisen; sie finden sich aufgearbeitet in jüngeren Schichten des Cenomaniums in einem Konglomerat an der Basis der Arnagergrünsand-Formation im Gebiet um Arnager (5). Dieses enthält auffällige Phosphorite und wurde im Jahr 1916 als Doppelkonglomerat („Dobbeltkonglomerat") in die Literatur eingeführt[29]. Hier dienten Ammoniten, die im Konglomerat angereichert sind, als Schlüssel zur Alterseinstufung[16,29,31]. Das Konglomerat stellt einen transgressiven Horizont dar; nach jüngerer Auffassung beginnt die Arnagergrünsand-Formation darunter[16]. Die vollständig aufgearbeiteten Sedimentgesteine des Albiums datieren in das frühe Albium[8,13,41]. Die Fauna hat wenige Bezüge zur mitteleuropäischen Ammonitenfauna dieses Alters, was deren Interpretation erschwerte. Eine Revision dieser Fauna führte zu Neubestimmungen, was auch für die Alterseinstufung Konsequenzen hat. Weite

11: Übergang vom Arnagergrünsand mi phosphatischen Geröllen zum Basiskonglome rat des Arnagerkalks, das ebenfalls Phosphorite enthält. Darüber folgt der unterste Teil de Arnagerkalks, der keine Gerölle enthält

12: Lesefund eines Kieselschwamms im Arnagerkalk. Foto: Jens Lehmann.

Bereiche des frühen Albiums können nicht nachgewiesen werden, jedoch ein relativ enger Bereich im allerfrühesten Albium[21]. Die bis dato *Sonneratia* spp.-Fauna zugeschriebene Ammonitenfauna wird nach der Revision im Wesentlichen als der Gattung *Bellidiscus* zugehörig bestimmt[20,21]. Die Bornholmer Albium-Fauna zeigt damit einmalig enge Bezüge zu Ablagerungen auf der Halbinsel Mangischlak am Kaspischen Meer in Kasachstan, wo diese Ammoniten in vollständigen Abfolgen gefunden wurden[32]. Die Vergesellschaftung enthält zudem Arcthoplitiden. Dieses deutet auf einen beachtenswerten Einfluss arktischer Faunenelemente. Die Albium-Ammoniten des Basiskonglomerats werden in dem unter Hobbypaläontologen beliebten Buch „Fossiliensammeln in Südskandinavien" als Primärgerölle bezeichnet[9] (siehe auch Surlyk 2006[38]). Sie sind phosphatisch erhalten und weisen auf mehrfache Meeresspiegeländerungen in geologisch relativ kurzer Zeit hin. Dadurch kam es jeweils zu einem verfestigen Meeresboden, dieser wurde erodiert und Konkretionen entstanden bzw. Fossilien wurden mit Phosphorit und Glaukonit imprägniert, später erneut vom vorrückenden Meer erodiert und danach wieder abgelagert. So entstanden die ebenfalls phosphatisch erhaltenen Sekundärgerölle aus derselben Schicht; sie datieren in das frühe Cenomanium. Die ersten 5 m über dem Konglomerat sind dem Grünsand im engeren Sinn zuzurechnen und haben ebenfalls ein frühes Cenomanium-Alter, während darüber das untere Mittelcenomanium folgt. Die phosphatischen Gerölle sind mit sehr viel Glück phosphatisch erhaltene Ammoniten der Primär- und Sekundärgerölle. An der Küste von Madsegrav, nordöstlich von Arnager, kann man Phospho-

13: Diesen Schwammrest könnte man auch mit den Flossenstrahlen eines Fisches verwechseln. Leg.: Jens Lehmann. Geowiss. Slg. Univ. Bremen, K890.

16: Fund eines Scaphites in einem Geröll des Unterconiaciums am Arnagersteilufer. Leg.: Jens Lehmann. Geowiss. Slg. Univ. Bremen, C7862.

14: Die Muschel Inoceramus (Heroceramus) cf. hercules Heinz, 1932. Unteres Coniacium, Arnagerkalk, Strand westlich des Arnagersteilufers. Leg.: Jens Lehmann. Geowiss. Slg. Univ. Bremen, L9208. Foto: Martin Krogmann.

17: Neovermilia ampullacea (J. de C. Sowerby, 1829). Unterconiacium, Arnager. Foto: Sten L. Jakobsen.

15: Stachelauster Spondylus fimbriatus Goldfuss, 1835. Unteres Coniacium, Arnagerkalk am Arnagersteilufer. Freigestrahlt mit Industriestärke.

18: Eine unbestimmte cyclostomatide Bryozoenkolonie aus dem Arnagerkalk. Foto: Sten L. Jakobsen.

19: Brachiopode aus dem Arnagerkalk. Breite des Fossils ca. 1,5 cm. Foto: Sten L. Jakobsen.

21: Zahn des Haifischs Ptychodus latissimus. Arnagerkalk. Foto: Sten L. Jakobsen.

rite in ihrer Matrix am Strand aufsammeln (6). Hier befand sich einst ein großer Abbau, der während der Krise in der Versorgung mit Rohphosphat um den 1. Weltkrieg entstand. Hier wurde durch den dänischen Staat zwischen 1918 und 1920 Superphosphat für die Landwirtschaft abgebaut. Es erfolgte ein rascher Aufbau einer Mine mit 200 Beschäftigten, denn Probebohrungen zeigten, dass das Vorkommen 1 m dick und 100 m breit ist. Es war der Abbau von 50.000 Tonnen Phosphat geplant, doch durch Wassereinbrüche wurde der Abbau rasch wieder aufgegeben und so wurden letztendlich nur 1.800 Tonnen gewonnen. Heute erinnern noch einige Betonreste und eine Hinweistafel am Strand an den einstigen Abbau (7).

20: Zerfallene Platten eines Seesterns. Arnagerkalk. Foto: Sten L. Jakobsen.

Der Arnagerkalk – ein Eldorado für Schwämme

Über dem Grünsand folgt zunächst ein dünnes phosphoritisches Konglomerat und dann die mergeligen Kalke der Arnagerkalk-Formation. Die Sedimentation schlägt also von klastisch zu karbonatisch um. Die besondere Abfolge der Späten Kreidezeit liegt global betrachtet im ansteigenden Meeresspiegel der mittleren Kreide begründet. Äußerst verbreitet treten Kalksteine bzw. schreibkreideartige Gesteine auf. Diese wurden von mikroskopisch kleinen kalkproduzierenden Algen (Coccolithophoriden) und planktischen Foraminiferen aufgebaut, für die der steigende Meeresspiegel auf vielfach neu gefluteten Schelfgebieten ideale Bedingungen bot (8). Auf Bornholm wirkte sich der Meeresspiegelanstieg jedoch erst später als in vielen anderen Regionen aus, nämlich nicht schon zu Beginn des Cenomaniums, an der Wende Frühe/Späte Kreide, sondern etwas mehr als 10 Millionen Jahre später im Coniacium. Dieser deutliche Meeresspiegelanstieg, der zur Etablierung eines Schelfmeeres führte, wird durch die Arnagerkalk-Formation repräsentiert. Doch warum erfolgte dieser Anstieg zeitversetzt? Auf Bornholm kommt mit einer komplizierten Tektonik noch eine regionale Besonderheit hinzu, welche die Faziesausprägung steuerte.

22: *Haiwirbel aus einem Strandgeröll. Arnagerkalk. Leg.: Jens Lehmann. Geowiss. Slg. Univ. Bremen, V4141.*

25: *Zahn eines lamniden Hais Squalicorax kaupi Agassiz, 1843 aus den phosphoritischen Konglomeraten an der Basis der Arnagerkalk-Formation. Foto: Olaf Elicki.*

23: *Achsenstab einer Seefeder aus dem Arnagerkalk. Foto: Sten L. Jakobsen.*

Der zentrale Bornholm-Block wurde von kleineren Blöcken durchbrochen, lag aber prinzipiell höher und wurde daher relativ spät geflutet. Einige Blöcke waren zwar bereits früher angelegt, aber der Arnager-Sose war ein kleinerer Block, der erneut abgesenkt wurde. Dies war besonders wichtig um für die Ablagerung der Sedimentgesteine der Späten Kreide Platz zu schaffen[8].

Der Arnagerkalk ist heute noch hervorragend im kleinen Küstenkliff westlich von Arnager aufgeschlossen (9, 10), inklusive der konglomeratischen Basis am Ostende des Steilufers (11). Der Kalk zeigt bemerkenswerte Sedimentstrukturen. Verfolgt man die einzelnen Schichten horizontal, erkennt man einen kuppenförmigen Aufbau der Sedimentkörper, an- und abschwellende Schichtdicken innerhalb der flachen Kuppen und Kreuzschichtung an ihren Rändern[10,26]. Dieses wird auch als Mound-Bedding bezeichnet, also frei übersetzt etwa „Hügel-Schichtung". Der Abstand zwischen dem Zentrum der Hügel und den angrenzenden Senken beträgt 6–8 m, die Amplitude beträgt bis zu 1–2 m und die maximale Neigung der Flanken beträgt 5–10°. In der Aufsicht sind sie rund bis oval.

An Fossilien enthält der Arnagerkalk eine besonders reiche Schwammfauna, die vor ein paar Jahren monographisch beschrieben wurde (12, 13)[3]. Insgesamt gilt der mergelige, kieselsäurereiche Kalkstein jedoch als nur sehr spärlich Makrofauna führend[26].

24: *Irregulärer Seeigel Echinocorys gravesi Agassiz & Desor, 1847 aus oberkreidezeitlichen Grünsanden von Arnager. Original zur Arbeit von Elicki & Magnus[6]. Fotos: Michael Magnus.*

Dennoch kommen neben den Schwämmen unter anderem Muscheln (14, 15), Belemniten, planspirale und heteromorphe Ammoniten (16) sowie Kalkröhrenwürmer (17) vor[10]. Die Ammoniten aus dem Coniacium und auch aus dem Santonium von Bornholm wurden ausführlich monographisch bearbeitet[15]. An der Typuslokalität enthält der Arnagerkalk jedoch nur fünf verschiedene Ammonitenarten. Auch Bryozoenkolonien (18), Brachiopoden (19) und Seesternreste (20) sowie Haizähne sind bekannt, wie die des bekannten Muschelknackers *Ptychodus* (21). *Ptychodus* besaß einen spindelförmigen Körper mit einem großen, langgestreckten Kopf, ähnlich wie der rezente Weiße Hai, wie man erst seit kurzem weis[42]. Ein in einem losen Strandgeröll gefundener Wirbel (22) könnte auch von diesem Neoselachier stammen. Die Fauna wurde bereits 1918 näher beschrieben, damals stratigraphisch aber noch in das Turonium gestellt[30]. Eine Besonderheit sind Funde von *Graphularia* (23). Bei diesem Fossil handelt es sich um den Achsenstab einer Seefeder, also eines Vertreters der Octocorallia (siehe auch FOSSILIEN 2004/3: 139 und 2015/2: 4–5). Sie sind nur sehr selten im Fossilbericht nachgewiesen, da sie kein massives Kalkskelett bildeten, sondern nur mikroskopisch kleine Ske-

27: Deutlich grenzen sich die quarzreichen Sturmlagen von der turbiditischen Hintergrundsedimentation des Bavnodegrünsands ab.

26: Aufschluss an der Bavnodde, der Typuslokalität der Bavnoddegrünsand-Formation.

lettelemente aus Kalk (Sklerite) und den in der Mitte des Körpers befindlichen Achsenstab, der aus Kalk und organischem Material besteht.

Aus dem basalen Konglomerat direkt über dem Grünsand sind zudem der Seeigel *Echinocorys gravesi* und Haizähne beschrieben worden (24, 25)[6]. Diese Funde stehen mit einem Alter des Konglomerats als frühestes Coniacium im Einklang. An der Spitze des abgebildeten Haizahns lässt sich beobachten, dass er bereits vor der Einbettung durch Transport beziehungsweise Sedimentumlagerung abgebrochen ist.

Trotz der großen Anzahl fossiler Kieselschwämme im Arnagerkalk kommt Feuerstein praktisch nicht vor. Der Arnagerkalk ist stark bioturbiert und nur die jüngsten und tiefsten Grabgänge haben erkennbare Spurenfossilien hinterlassen. Das Vorkommen von Hügeln und einer dichten Kieselschwammfauna könnten darauf hinweisen, dass das Karbonat und auch der feine Tonschlamm von den lebenden und möglicherweise auch von verrottenden Schwämmen festgehalten wurden. Zumindest scheint es so, als wenn es sich um ein empfindliches System aus Strömungsstärke und Sedimentproduktion handelte. Es wurden zwar die Flanken der Hügel ausgeschwemmt, aber die Strömung ermöglichte mit der Zufuhr von

28: Belemnit Gonioteuthis westfalica (Schlüter, 1874) aus dem höheren Unter-Santonium, Bavnoddegrünsand-Formation. Küstenkliff am Flughafen Rønne. Von oben nach unten Dorsal-, Ventral- und linke Profilansicht des Rostrums. Im Bereich der Alveole ist der Belemnit pyritisiert; die Risse gehen auf Pyrtitzerfall zurück. Leg.: Jens Lehmann. Geowiss. Slg. Univ. Bremen, C7857.

29: Hyotissa semiplana (Sowerby, 1825). Bavnoddegrünsand-Formation. A–C zeigen das fertig präparierte Stück, D und E das Fossil im Fundzustand als Geröll am Strand der Bavnodde.

Nährstoffen auch ein dichtes Wachstum von Kieselschwämmen. Ähnliche Hügel finden sich zum Beispiel auch an der Kreide/Paläogen-Grenze an der berühmten dänischen Lokalität Stevns Klint (siehe auch FOSSILIEN 1985/2: 66–70 & 75–80, 1997/6: 363–371, 1998/3: 181–189, 1999/6: 40–51, 2003/1: 40–51, 2016/3: 16–22). Dort bilden Bryozoenkalke und -mergel im Paläogen ganz ähnliche Hügel[37].

Die jüngste Kreide auf Bornholm

Die Bavnoddegrünsand-Formation ist die jüngste Kreideablagerung auf Bornholm (26). Sie ist ungefähr 70 m mächtig[38], nach anderen Schätzungen bis zu 180 m[9], und entlang der Steilküste unterhalb des Flughafens von Rønne, etwa 4 km W von Arnager, gut aufgeschlossen. Dieser turbiditische Grünsand besteht aus einem glaukonitreichen, tonigen Sandstein, der in mehreren Ereignissen unter Flachmeerbedingungen abgelagert wurde und immer wieder scharf abgegrenzte Quarzsandstein-Lagen enthält (27)[14,35,38]. Letztere sind als Sturmablagerungen zu deuten; die Stürme erodierten Sand an der Küste und verfrachteten ihn ins tiefere Wasser.

Der Bavnoddegrünsand enthält mit Belemniten und Ammoniten stratigraphisch verwertbare Fossilien; sie gestatten eine Datierung dieser Formation in das späte Coniacium bis in das frühe Santonium (28). Die Ammonitenfauna besteht aus sieben Arten[15]. Beim abgebildeten Belemniten handelt es sich eindeutig um *Gonioteuthis westfalica* (Schlüter, 1874) aus dem höheren Unter-Santonium (28). Schlüter hat im 19. Jahrhundert eine Sammlung von ca. 100 Exemplaren aus dem Bavnoddegrünsand von Bornholm dazu verwendet, um seinen entsprechenden westfälischen und niedersächsischen Funden gleichen Alters (unterer „Emscher-Mergel") einen Namen zu geben[34]. Leider gab er keine eindeutige Beschreibung, sondern verglich nur mit anderen Belemniten eine indirekte Diagnose, und eine Abbildung fehlt. Später jedoch, in den „Cephalopoden der oberen deutschen Kreide" folgt dann die Beschreibung (S. 188 ff.) und er bildet Exemplare von verschiedenen Lokalitäten ab, darunter auch ein Exemplar von Bornholm[33]. Das hier abgebildete sieht diesem Stück zum Verwechseln ähnlich. Die Reichweite des Bavnoddegrünsands ist durch weitere Belemnitenarten belegt; auch für sie liegt eine monographische Bearbeitung vor[5]. Weitere Invertebraten des Grünsands sind Muscheln, neben Inoceramen auch *Hyotissa semiplana* (29).

An Wirbeltierfossilien sind aus dem Bavnoddegrünsand Zähne von *Ptychodus polygyrus* bekannt (30). Diese Haiart besaß deutlich größere Knackzähne als der im Arnagerkalk vorkommende *Ptychodus latissimus* (21).

30: Zahn des Hais Ptychodus polygyrus Agassiz, 1835 aus dem Bavnoddegrünsand. Foto: Marianne Falbe Nattestad.

Dank: Prof. Dr. Olaf Elicki (Freiberg), Sten L. Jakobsen (Faxe), Johannes Kalbe (Güstrow) und Marianne Falbe Nattestad (Muleby, Bornholm) danke ich für die Bereitstellung von Fotos, sowie Ekbert Seibertz (Wolfsburg) für Hilfe bei der Bestimmung von Belemniten.

Literatur zum Thema

1 Bonde, N. (2012): Danish dinosaurs: a review. In: Godefroit, P. (Hrsg.): Bernissart dinosaurs and Early Cretaceous terrestrial ecosystems, S. 434–451. Indiana University Press, Bloomington.

2 Bonde, N. & P. Christiansen (2003): New dinosaurs from Denmark. C. Rend. Palevol 2(1): 13–26.

3 Brückner, A. (2006): Taxonomy and paleoecology of lyssacinosan Hexactinellida from the Upper Cretaceous (Coniacian) of Bornholm, Denmark, in comparison with other Postpaleozoic representatives. Abh. Senckenb. Naturf. Ges. 564: 1–103.

4 Christensen, W. K. (1984): The Albian to Maastrichtian of Southern Sweden and Bornholm, Denmark: A review. Cret. Res. 5(4): 313–327.

5 Christensen, W. K. & M.-G. Schulz (1997): Coniacian and Santonian belemnite faunas from Bornholm, Denmark. Fossils & Strata 44: 1–73.

6 Elicki, O. & M. Magnus (2012): *Squalicorax kaupi* Agassiz, 1843, (Chondrichthyes, Lamniformes) and *Echinocorys gravesi* Agassiz & Desor, 1847, (Echinoidea, Holasteroida) from the late Cretaceous of Bornholm (Denmark). Freib. Forschungsh. 542: 55–64.

7 Gale, A. S., J. Mutterlose, S. Batenburg, F. M. Gradstein, F. P. Agterberg, J. G. Ogg & M. R. Petrizzo (2020): Chapter 27 - The Cretaceous Period. In: Gradstein, F. M. et al. (Hrsg.): Geologic Time Scale 2020, S. 1023–1086. Elsevier, Amsterdam.

8 Graversen, O. (2009): Structural analysis of superposed fault systems of the Bornholm horst block, Tornquist Zone, Denmark. Bull. Geol. Soc. Denmark 57: 25–49.

9 Gravesen, P. (1993): Fossiliensammeln in Südskandinavien. Geologie und Paläontologie von Dänemark, Südschweden und Norddeutschland. Goldschneck, Korb.

10 Gravesen, P. (1996): Geologisk set. Bornholm. En beskrivelse af områder af national geologisk interesse. Geografforlaget, Brenderup.

[11]Gravesen, P., F. Rolle & F. Surlyk (1982): Lithostratigraphy and sedimentary evolution of the Triassic, Jurassic and Lower Cretaceous of Bornholm, Denmark. Danm. Geol. Unders. 7: 1–51.

[12]International Commission on Stratigraphy (2024): International Chronostratigraphic Chart, https://stratigraphy.org/chart, abgerufen am 16.01.2025.

[13]Jensen, J. B., M. Moros, R. Endler & I. E. Members (2017): The Bornholm Basin, southern Scandinavia: a complex history from Late Cretaceous structural developments to recent sedimentation. Boreas 46(1): 3–17.

[14]Johannessen, P. N., P. Gravesen & L. H. Nielsen (1997): Mesozoic depositional environments and stratigraphy. Field trip guidebook, Bornholm, Denmark. GEUS, Geological Survey of Denmark and Greenland, Ministry of Environment and Energy.

[15]Kennedy, W. J. & W. K. Christensen (1991): Coniacian and Santonian ammonites from Bornholm, Denmark. Bull. Geol. Soc. Denmark 38: 203–226.

[16]Kennedy, W. J., J. M. Hancock & W. K. Christensen (1981): Albian and Cenomanian ammonites from the island of Bornholm (Denmark). Bull. Geol. Soc. Denmark 29(4): 203–244.

[17]Koch, L. (1987): Bornholm – Sediment und Fossilien. 2. Teil: Das Mesozoikum. Fossilien 4(3): 119–131.

[18]Koppelhus, E. B. & D. J. Batten (1992): Megaspore assemblages from the Jurassic and lowermost Cretaceous of Bornholm, Denmark. Danm. Geol. Unders. 32: 1–81.

[19]Lamolda, M. A., C. R. C. Paul, D. Peryt & J. M. Pons (2014): The Global Boundary Stratotype and Section Point (GSSP) for the base of the Santonian Stage, "Cantera de Margas", Olazagutia, northern Spain. Episodes 37(1): 2–13.

[20]Lehmann, J., R. Hoffmann, H. G. Owen & W. Beckert (2016): Cephalopoden aus unterkreidezeitlichen Geschieben der Region um Wolgast-Hohendorf, Vorpommern. Arch. Geschiebekde. 7(7–8): 401–530.

[21]Lehmann, J., H. G. Owen & W. Beckert (2013): A new ammonite fauna from NE Germany – evidence for an Early Albian cooling and the initial transgression in the Danish-Polish Trough. N. Jb. Geol. Paläont. Abh. 268(2): 199–235.

[22]Lindgren, J., P. J. Currie, J. Rees, M. Siverson, S. Lindström & C. Alwmark (2008): Theropod dinosaur teeth from the lowermost Cretaceous Rabekke Formation on Bornholm, Denmark. Geobios 41(2): 253–262.

[23]Lindgren, J., J. Rees, M. Siverson & G. Cuny (2004): The first Mesozoic mammal from Scandinavia. GFF 126(4): 325–330.

[24]Mikuláš, R., J. Milàn, J. F. Genise, M. Bertling & R. G. Bromley (2020): An insect boring in an Early Cretaceous wood from Bornholm, Denmark. Ichnos 27(3): 284–289.

[25]Nielsen, J. K., K. S. Hansen & L. Simonsen (1996): Sedimentology and ichnology of the Robbedale Formation (Lower Cretaceous), Bomholm, Denmark. Bull. Geol. Soc. Denmark 43: 115–131.

[26]Noe-Nygaard, N. & F. Surlyk (1985): Mound bedding in a sponge-rich Coniacian chalk, Bornholm, Denmark. Sedimentology and ichnology of the Robbedale Formation 34: 237–249.

[27]Noe-Nygaard, N. & F. Surlyk (1988): Washover fan and brackish bay sedimentation in the Berriasian-Valanginian of Bornholm, Denmark. Sedimentology 35(2): 197–217.

[28]Piasecki, S. (1984): Dinoflagellate cyst stratigraphy of the Lower Cretaceous Jydegård Formation, Bornholm, Denmark. Bull. Geol. Soc. Denmark 32: 145–161.

[29]Ravn, J. P. J. (1916): Kridtaflejringerne paa Bornholms Sydvestkyst og deres Fauna. 1. Cenomanet. Danm. Geol. Unders. (30): 1–40.

[30]Ravn, J. P. J. (1918): Kridtaflejringerne paa Bornholms Sydvestkyst og deres Fauna. 2. Turonet. Danm. Geol. Unders. (37): 7–37.

[31]Ravn, J. P. J. (1925): Det cenomane Basalkonglomerat paa Bornholm. Danm. Geol. Unders. 2(42): 1–64.

[32]Savel'ev, A. A. (1973): Stratigrafiya i Ammonity Nizhnego Al'ba Mangyshlaka (Zonae Leymeriella tardefurcata i Leymeriella regularis) (auf Russisch: Stratigraphie und Ammoniten des Unteren Albiums von Mangyshlak (Leymeriella tardefurcata- und Leymeriella regularis Zonen). Trudy Vsesoiuznogo Nauchno-Issledovatel'skogo Geologicheskogo Neftegazovogo Instituta (Transactions of the All-Union Oil scientific geological-exploration Institute) 323: 1–339.

[33]Schlüter, C. (1871–1876): Cephalopoden der oberen deutschen Kreide. Palaeontographica 21: 1–24 (1871), Taf. 1–8, 21: 25–120 (1872), Taf. 9–35, 24: I–X & 123–204, 207–263 (1876), Taf. 36–55.

[34]Schlüter, C. (1874): Die Belemniten der Insel Bornholm. Z. Dtsch. Geol. Ges. 1874: 827–855.

[35]Schmidt, R. (1982): Belemnites as current indicators in shallow marine turbidites of the Santonian Bavnodde Grønsand, Bornholm (Denmark). In: Einsele, G. & A. Seilacher (Hrsg.): Cyclic and Event Stratification, S. 419–422. Springer, Berlin.

[36]Schwarz-Wings, D., J. Rees & J. Lindgren (2009): Lower Cretaceous Mesoeucrocodylians from Scandinavia (Denmark and Sweden). Cret. Res. 30(5): 1345–1355.

[37]Surlyk, F. (1997): A cool-water carbonate ramp with bryozoan mounds; Late Cretaceous-Danian of the Danish Basin. In: James, N. P. & J. A. D. Clarke (Hrsg.): Cool-water carbonates (Proceedings Workshop on Cool-water carbonates. Geelong, Victoria, Australia. Jan. 14–19, 1995), S. 293–307. SEPM Special Publication 56. Tulsa.

[38]Surlyk, F. (2006): Fra ørkener til varme have. In: Larsen, G. (Hrsg.): Naturen i Danmark: Geologien, S. 139–180. Gyldendal, Kopenhagen.

[39]Surlyk, F., J. Milàn & N. Noe-Nygaard (2008): Dinosaur tracks and possible lungfish aestivation burrows in a shallow coastal lake; lowermost Cretaceous, Bornholm, Denmark. Palaeogeogr., Palaeoclimatol., Palaeoecol. 267(3–4): 292–304.

[40]Tröger, K.-A. & W. K. Christensen (1991): Upper Cretaceous (Cenomanian-Santonian) inoceramid bivalve faunas from the island of Bornholm, Denmark. Danm. Geol. Unders. 28: 1–47.

[41]Vejbæk, O. V., S. Stouge & D. K. Poulsen (1994): Palaeozoic tectonic and sedimentary evolution and hyrdrocarbon prospectivity in the Bornholm area. Danm. Geol. Unders. A34: 1–23.

[42]Vullo, R., E. Villalobos-Segura, M. Amadori, J. Kriwet, E. Frey, M. A. González González, J. M. Padilla Gutiérrez, C. Ifrim, E. S. Stinnesbeck & W. Stinnesbeck (2024): Exceptionally preserved shark fossils from Mexico elucidate the long-standing enigma of the Cretaceous elasmobranch *Ptychodus*. Proc. Roy. Soc. B291(2021): 20240262.

Fotos, sofern nicht anders angegeben: Jens Lehmann.